“人工智能从娃娃抓起”系列丛书

探索人工智能

图形化编程篇

一本面向青少年的人工智能科普读本

上海市青少年活动中心
上海市教育科学研究院　　◎编著
教育部教育大数据与教育决策实验室

复旦大學出版社

图书在版编目(CIP)数据

探索人工智能. 图形化编程篇/上海市青少年活动中心,上海市教育科学研究院,教育部教育大数据与教育决策实验室编著. —上海: 复旦大学出版社,2024. 6
("人工智能从娃娃抓起"系列丛书)
ISBN 978-7-309-17475-5

Ⅰ. ①探… Ⅱ. ①上… ②上… ③教… Ⅲ. ①人工智能-青少年读物 Ⅳ. ①TP18-49

中国国家版本馆 CIP 数据核字(2024)第 107651 号

探索人工智能(图形化编程篇)
上海市青少年活动中心
上海市教育科学研究院　　编著
教育部教育大数据与教育决策实验室
责任编辑/李小敏

复旦大学出版社有限公司出版发行
上海市国权路 579 号　邮编: 200433
网址: fupnet@fudanpress.com　http://www.fudanpress.com
门市零售: 86-21-65102580　团体订购: 86-21-65104505
出版部电话: 86-21-65642845
上海丽佳制版印刷有限公司

开本 787 毫米×1092 毫米　1/16　印张 10　字数 188 千字
2024 年 6 月第 1 版
2024 年 6 月第 1 版第 1 次印刷

ISBN 978-7-309-17475-5/T · 759
定价: 71.00 元

编委会

主　编　吴　皓　徐　速　陆　璟

副主编　金海艳　单学英　吴　艳　宋立新　吴　斌　李宇皓　徐士强　吴跃东

编　委　白浩斌　王　枫　贾德立　季　颖　邱　峰　徐嫣琼　曹　磊　白巧变　吕立晨　吴诗雨　沈鸿章　徐亦达　黄　平　黄卫华　蒋莉娟　平云婕　徐　敏　毛程毅　张圣琪　陈　樑　徐春娇　杨　灵

插　画　倪　莉　董　俊　彭昕睿　秦嘉遥

序

在信息化和智能化日益成为社会发展主导的今天，人工智能已然是推动科技进步和社会发展的关键力量。从智能家居到自动驾驶，从数据分析到机器学习，人工智能的应用正深刻改变着我们的学习方式、生活方式和工作方式。因此，培养青少年的好奇心、观察力、想象力，对人工智能及编程的兴趣和能力，对于其个人成长乃至国家的未来发展都具有不可估量的价值。

《探索人工智能（图形化编程篇）》一书是继《走进人工智能》之后，由上海市青少年活动中心出版的又一力作，该书以独特的视角、生动的叙述方式和广博的知识内容，继续引领青少年读者探索人工智能的世界。全书内容涵盖了从人工智能的基础知识到图形化编程的实际操作，从简单的算法到复杂的编程实践，丰富的理论知识和大量的实践案例相得益彰，既包含了有趣的学习情境，又关注了问题的解决。作者通过直观易懂的语言，结合形象生动的实例，巧妙地将抽象的编程概念转化为青少年能够理解的具体知识和可学可探的操作技能。阅读本书，读者不仅能汲取知识的养分，更能享受到学习的乐趣。

书中通过介绍 KNN、K-Means、Q-Learning 等算法，并结合配套开发的图形化编程软件 Yocoding 进行实践操作，让青少年读者理解算法背后的原理，更重要的是掌握如何将这些算法应用于解决实际问题。这种理论与实践相结合的方法，无疑将激发青少年探索人工智能世界的热情，培养他们的创新思维和解决问题的能力。

面对未来，编程不仅是一项技能，而且是一种语言，一种解决问题的工具。其重要性堪比我们从小学习的任何一门基础学科。掌握编程，就如同掌握了一把通向未来的钥匙，赋予我们与前沿科技对话的能力。希望这本书能够鼓励更多的青少年朋友积极投身于人工智能与编程的学习，不仅为个人的未来奠定坚实基础，更是为国家的科技创新和社会发展添砖加瓦，贡献宝贵力量。

最后，我满怀期待寄语每一位热爱科学、渴望探索未知世界的青少年朋友：愿你们在人工智能的世界中自由遨游，勇于挑战，不断突破自我，成为国家未来发展的中坚力量。愿此书为你们开启通往人工智能世界之门，带领大家踏上一段精彩的探索征程。

中国工程院院士

中国人工智能学会监事长

上海少年科学院特邀顾问

前　言

亲爱的青少年朋友们，本书是“人工智能从娃娃抓起”系列丛书的第二本，在第一本《走进人工智能》为大家提供人工智能的全景视角之后继续深入探索，本书聚焦编程和算法——人工智能的具体实现与核心基础。

为了让大家更容易理解这些内容，上海市青少年活动中心基于少年儿童的认知特点，特别组织开发了一款图形化编程软件——Yocoding，帮助大家认识和学习编程，使用图形化编程的方式来展示如何通过编程语言和算法逻辑来构建和理解人工智能系统。

在编写本书的过程中，我们力求将复杂的概念简化，通过具体的例子和实践活动，让大家能够在轻松愉快的氛围中进行理解和掌握。第1章介绍人工智能、算法与编程的基本概念和相互关系，为大家构建一个清晰的知识图谱。第2章通过图形化编程软件Yocoding，让大家开始第一次编程实践，从认识图形化编程，到制作一款自己的小游戏，感受编程的魅力。第3章则深入讲解几种经典的编程算法，从这些具有代表性的算法学习入手，让大家能够真正理解算法的原理及其应用。第4章进入本书的核心，带领大家一起探索更高级的机器学习算法，以KNN、K-Means和Q-Learning算法为例，分别介绍机器学习分类算法、聚类算法和强化学习算法，展示如何将学到的知识应用于解决更复杂的问题，让大家逐步建立对人工智能深层次理解的桥梁。本书配套资源包可以通过关注上海市青少年活动中心或上海少年科学院的微信公众号，发送消息“探索人工智能”进行获取。

本书的重点是基于图形化工具的编程，众所周知，数据、算法、算力是人工智能的三要素，而编程使人们能够处理和分析大量的数据，通过编程可以创造和优化算法，这是所有人工智能技术的核心，当然这也需要相应算力的支持。由此可见，学习编程是人工智能教育重要的组成部分，在这一学习过程中，重点不在于掌握更多的编程技巧，而是逐步形成以计算思维为代表的核心素养。

虽然当下人工智能大模型与生成式人工智能展现出越来越强大的编程能力，看似未来不需要人们再去编写具体的程序，很多人对学习编程的意义和价值产生了怀疑。实际上，随着技术的进步，未来对编程的理解要求将会更高。编程本质上是一种语言和工具，是人类与机器交流的方式。虽然形式可以多样，但核心是对逻辑的思考和系统的分析，这一能力的提升也是学习编程的关键。只有通过掌握编程，我们才能更有效地设计、监督和优化人工智能系统，理解和批判性地评估人工智能输出的内容，并给出更适切的提示和要求。

上海市青少年活动中心、上海少年科学院将围绕本书，继续打造与之匹配的青少年科普课程，补充和深化《走进人工智能》中的知识概览，通过更具体、更深入的学习路径，让大家能够在人工智能的森林中，不仅“见林”也“见树”，从而更为全面地理解人工智能的奥秘。

参与本书编写的有上海市青少年活动中心、上海市教育科学研究院和教育部教育大数据与教育决策实验室的专家和老师，也有从事青少年人工智能教育教学的教研员和一线教师。本书编写期间得到了王景川、方向忠、赵才荣、王伟、谢忠新、张汶、费宗翔、徐雄等专家的指导与帮助，在此表示衷心的感谢！

希望我们的“人工智能从娃娃抓起”系列丛书能继续陪伴广大青少年朋友度过探索人工智能的快乐时光。

目 录

第 1 章　人工智能、算法与编程

导　言

我们可以想象一下，人工智能就像一台超级智能的机器，算法是它的大脑，告诉它该怎么做事。算法决定了这台机器能做什么，做得有多好。编程就像是算法和机器之间的翻译官，它用特殊的编程语言，把算法的指令变成机器能懂的语言，让这台机器真正开始工作。

编程语言很特别，它既严谨又有规律，就像是数学和文学的完美结合。通过编程，我们可以让算法在计算机上跑起来，做出各种酷炫的事情。

但这个世界一直在变，人工智能也不例外。我们需要不断地发明新算法，让程序跑得更快、更节省资源，同时也要保持程序代码易懂和好维护。这样，我们就能让人工智能变得更强大、更聪明。算法和编程的结合不仅让我们的人工智能变得更厉害，还推动了这个领域的前进。

从本章开始，我们会一起探索这些神奇的算法和编程语言，看看它们是如何让人工智能变得如此不可思议。

1.1 人工智能与算法

算法是人工智能这台智能机器的大脑，关键在于它可以处理和分析数据，实现自主学习、推理、决策和解决问题，而且不同的算法可以处理各种类型的数据，包括图像、语音和文本等，用来完成特征提取、分类、聚类和预测等各种复杂的任务。

1.1.1 人工智能的算法实现

人工智能在生活中的各个领域发挥着越来越大的作用，它通过模仿人类智能和实现自动化处理，为我们带来了很多便捷和创新的解决方案。

例如，扫地机器人是一种智能家居设备，它可以自动清扫，使用便捷，成为许多人家里的清洁神器。现在的扫地机器人越来越智能化，能够自动规划清扫路线、避开障碍物，甚至还能通过语音进行控制。但是，你知道扫地机器人的智能是如何实现的吗（图 1-1）？它背后有着怎样的智能技术支持呢？

扫地机器人的智能主要源于其内置的算法，这些算法让它能够在未知环境中自主感知、导航，并高效规划清扫路径（图 1-2）。这种智能集成了传感器技术，以及图像处理、路径规划及决策制定等多领域的人工智能技术，共同实现了地面的有效清洁。

每种类型的人工智能应用都依赖于专门的算法。例如，语音助手软件通过自然语言处理算法解析语音指令；图像识别应用则采用深度学习的卷积

图 1-1　扫地机器人的智能是如何实现的

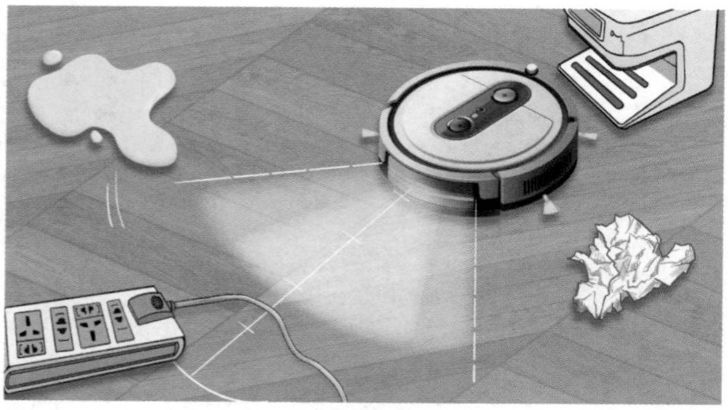

图 1-2　扫地机器人背后的算法

知识拓展

算法的创新和改进推动人工智能的发展

随着技术的进步和算法的不断优化，原本仅能识别并避开障碍物的扫地机器人，现在已显著提高了智能水平，能够完成更复杂的任务并实现更高效的清洁（表 1-1）。

算法在人工智能中被用于优化和改进模型，通过设计更高效或更精确的算法，可以提高人工智能系统的性能、准确性和响应速度。算法的选择和设计直接影响人工智能系统的性能和效果，算法的创新和改进是推动人工智能领域发展的关键之一。

表 1-1　扫地机器人的算法升级对比

算法功能	升级前	升级后
障碍物识别	简单的传感器检测，如红外或超声波	高级传感器结合，如激光雷达（LiDAR）和视觉识别
环境映射	无，或有限的空间映射能力	高级空间映射与实时更新，如 SLAM 算法（同步定位与地图构建）
路径规划	随机，或预定路径算法	动态路径规划算法，考虑清洁效率和避障
数据处理	基本的数据处理，低级决策	复杂的数据处理，如机器学习和模式识别，实现高级决策
自适应学习	无自适应学习能力	机器学习算法支持的环境适应和行为调整
用户交互	有限的交互，基于简单指令	智能交互，如自然语言处理支持的语音交互

神经网络来执行面部识别、物体检测和图像分类；自动驾驶系统会结合深度学习、计算机视觉和强化学习算法来实现车辆的自动感知、决策和导航。

算法是人工智能的根基，几乎所有人工智能的创新都源自算法的不断进步。智能的本质在于模拟和超越人类的认知与决策过程，而算法正是这一过程的驱动力，通过分析数据、识别模式、做出预测和决策，使得从智慧城市到智能家居的各种应用成为可能。在自动驾驶、智能机器人、虚拟现实等尖端领域，以及智能购物、智慧出行、智能娱乐等日常生活方面，算法都扮演着关键角色。

我们正身处这样一个智能时代，算法不仅塑造了智能技术的现在，也在绘制着未来的轮廓，这让我们对人工智能的未来充满期待。

1.1.2 探索身边的算法

前面我们知道了算法是人工智能的核心，那到底什么是算法呢？接下来，我们通过下面的情境来感受一下生活中的一些常见算法。

情境一

暑假全家准备去 A，B，C，D 四个历史悠久的城市旅行，从上海出发，最后再返回出发点。这次妈妈准备让你来策划旅行方案，目标是找到总行程最短的旅行路线（图 1-3）。

思考探索

规划最短旅行路线问题：想一想，怎么样解决最短路线的问题？尝试写出你的思考步骤。

图 1-3 规划最短旅行路线问题

在这个问题中，用枚举的算法思想可以列出这次旅行所有可能的行程组合，比如：上海→ A → B → C → D →上海，上海→ B → C → D → A →上海，然后计算每一种行程的总距离，那个总行程距离最短的就是最优解。

总的来说，枚举算法在生活中可以用于帮助决策、规划任务、分配资源等方面，通过穷举所有可能的选择来找到最优或最合适的解决方案。

情境二

假设你要完成一个复杂的拼图（图 1-4），而且没有图像作为参考，你该怎么办呢？

思考探索

拼图问题：如果是你，你会如何完成这个复杂的拼图呢？尝试写出你的思考步骤。

你是不是这样思考的：一开始并不知道正确的拼图方式，因此需要进行试错。首先，随机选择一块拼图放置在起始位置。然后，观察拼图的边缘和图案颜色，尝试找出其他可能匹配的拼图。可以通过比较边缘的形状、颜色和图案的连续性等特征来确定最可能的匹配。

图 1-4　拼图问题

接下来，选择一块最可能匹配的拼图，将其放置到已拼好的部分上，并继续观察边缘和图案的特征，以找到下一个最可能的匹配项。不断重复这个过程，逐步改进拼图，直到最后正确完成整个拼图。

这个过程其实就使用了迭代的算法思想来逐步优化拼图结果。迭代算法是一种重复应用一个操作或一系列操作来逐步逼近解决问题的算法。该算法通过多次迭代来逐渐改进解的精度，直到满足特定的条件或达到预定的收敛性要求。

情境三

假设你是一名摄影师，你的计算机中存有成千上万的照片，它们被放在不同的文件夹中，每个文件夹代表一个不同的拍摄项目或日期。现在，你想找到一个特定的照片集，名为“2023 夏季旅行”，但你不记得它具体保存在哪个上级文件夹中了。这种情况下你会怎么办（图 1-5）？

思考探索

寻找文件夹问题：你会使用什么方法寻找文件夹呢？尝试写出你的思考步骤。

图 1-5 寻找文件夹问题

在这种情况下，可以运用递归的算法思想来遍历你的照片库。这个算法的工作流程如下：

① 从照片库的根文件夹开始。

② 如果在当前文件夹内没有找到，那么对每个子文件夹应用同样的搜索过程。

例如在“2023 年”这个文件夹中没有找到，就将进入“2023 年 1 月”“2023 年 2 月”等子文件夹中继续搜索，对每个子文件夹都重复这个过程。

知识拓展

遍 历

“遍历”是计算机科学中的一个基本概念。可以通过这个简单的例子来理解：想象你有一盒彩色蜡笔，你的任务是记录盒子里每支蜡笔的颜色。遍历就像你逐一拿出每支蜡笔，检查它的颜色并记录下来，直到你检查了盒子里的所有蜡笔。

在计算机科学中，遍历的过程类似于这个例子。比如，一个程序需要处理一个数字列表，或者一个游戏需要检查地图上的每个位置。程序“遍历”列表或地图时，就是逐个检查每个部分，像检查每支蜡笔的颜色一样。这样，程序可以获取所有必要的信息，例如列表中的最大数字或地图上的特殊位置。

总的来说，遍历是一种系统性的检查过程，它确保每个部分都被考虑到，而不只是为了寻找某个特定项。

这种方法可以遍历复杂和深层的文件夹结构，直到找到目标文件夹或找过所有子文件夹后确认该文件夹不在照片库中。

需要说明的是，虽然递归算法在理论上适用于深层和复杂的文件夹结构，但在实际应用中，考虑到效率和用户界面的友好性，可能还会结合使用文件系统的索引、迭代搜索方法或其他优化技术。

算法是用于解决特定问题或执行特定任务的方法。算法由一系列步骤组成，每个步骤都具有明确的目标，并按特定的逻辑顺序执行。算法可以帮助我们提高工作效率，通过选择合适的算法，可以在时间和空间上实现更高效的计算。

知识拓展

常见的算法

常见的算法如表 1-2 所示。这些只是众多算法中的一部分，每种算法都有自己的优点和适用范围。根据具体的问题和需求，选择适当的算法对于获得有效的解决方案至关重要。

表 1-2　常见的算法

算法名称	算法介绍
分治算法	将问题分解为更小的子问题，独立解决这些子问题，然后合并它们的解以得出原始问题的解，例如归并排序和快速排序
动态规划算法	将复杂问题分解为重叠的子问题，并存储这些子问题的解以避免重复计算，从而构建原始问题的解。动态规划应用在诸如最短路径问题、背包问题等多个领域
贪心算法	在每个步骤中都采取当前看来最优的选择，希望通过这种方式获得全局最优解。贪心算法在霍夫曼编码和最小生成树等问题中表现出高效性
图算法	处理由节点和边组成的数据结构的算法，用于解决最短路径、最小生成树、拓扑排序等问题。Dijkstra、Prim 和 Kruskal 算法是经典的例子
搜索算法	用于在大量可能的解空间中查找特定解的算法，包括深度优先搜索、广度优先搜索和 A* 算法等

1.2 算法与编程

算法提供了解决问题的思想和方法，编程则是将这些思想和方法具体实现的过程。编程最终实现了使计算机按照算法的步骤进行操作。

1.2.1 算法的程序实现

前面说到，编程是将算法“翻译”成计算机可以识别的语言。编程语言是一套用于与计算机沟通的指令集合，拥有固定的格式和词汇（不同编程语言的格式和词汇不一样）。这些语言的规则必须严格遵守，以确保人类的思想和要求能够准确地被计算机理解和执行。我们通常将这些指令称为代码，将解决特定问题的代码集合称为一个计算机程序，而使用编程语言来编写这些程序的过程就是编程。

据统计，目前编程语言有600多种。其中约有20种语言较为流行，例如C，C++，C#，Java，Python，PHP和JavaScript。

不同的编程语言会根据其特性和算法的复杂性，影响算法的具体实现方式。例如，冒泡排序算法是一种简单的排序算法，它重复地遍历要排序的数列，每次比较相邻的两个元素，如果它们的排序错误，就将它们交换。

图1-6是分别由Python，Java和C++编程语言编写的程序，用来实现冒泡排序算法。

```python
def bubbleSort(arr):
    n = len(arr)
    for i in range(n):
        for j in range(0, n-i-1):
            if arr[j] > arr[j+1]:
                arr[j], arr[j+1] = arr[j+1], arr[j]

# 测试代码
arr = [64, 34, 25, 12, 22, 11, 90]
bubbleSort(arr)
print("排序后的数组:", arr)
```

（a）Python

```java
class BubbleSort {
    void bubbleSort(int arr[]) {
        int n = arr.length;
        for (int i = 0; i < n-1; i++)
            for (int j = 0; j < n-i-1; j++)
                if (arr[j] > arr[j+1]) {
                    // 交换 arr[j+1] 和 arr[j]
                    int temp = arr[j];
                    arr[j] = arr[j+1];
                    arr[j+1] = temp;
                }
    }

    // 测试代码
    public static void main(String args[]) {
        BubbleSort ob = new BubbleSort();
        int arr[] = {64, 34, 25, 12, 22, 11, 90};
        ob.bubbleSort(arr);
        System.out.println("排序后的数组");
        for (int i=0; i < arr.length; i++)
            System.out.print(arr[i] + " ");
    }
}
```

（b）Java

```cpp
#include <iostream>
using namespace std;

void bubbleSort(int arr[], int n) {
    for (int i = 0; i < n-1; i++)
        for (int j = 0; j < n-i-1; j++)
            if (arr[j] > arr[j+1])
                swap(arr[j], arr[j+1]);
}

// 测试代码
int main() {
    int arr[] = {64, 34, 25, 12, 22, 11, 90};
    int n = sizeof(arr)/sizeof(arr[0]);
    bubbleSort(arr, n);
    cout << "排序后的数组: \n";
    for (int i = 0; i < n; i++)
        cout << arr[i] << " ";
    cout << endl;
    return 0;
}
```

（c）C++

图 1-6　由不同编程语言实现的冒泡排序算法

通过把算法描述转化为适当的编程语言代码，就可以在计算机上进行实际运行和测试，这种实现算法的编程方式通常称为“代码编程”。由于算法的程序实现可能依赖于编程环境和特定的问题要求，因此，使用不同的编程语言所呈现的程序表达会有所不同。

1.2.2　用图形化编程实现算法

除了传统编程语言，图形化编程语言因其直观的界面和易于理解的特性，受到青少年的欢迎。这类编程通过使用图形化的积木进行组合，实现程序逻辑和算法的表达，使编程过程更加直观和友好。这些积木代表不同的编程功能，如输入、输出、循环和条件判断等，它们之间的连接则展示了程序的流程和数据流向。

图形化编程具有丰富的积木，使用者能够通过拼搭积木的编程方式来实现自己的想法和项目，使编程变得更加易于理解和操作，通过直观、可视化和交互式的方式来设计程序逻辑。

图 1-7 是用图形化编程语言实现冒泡排序算法。

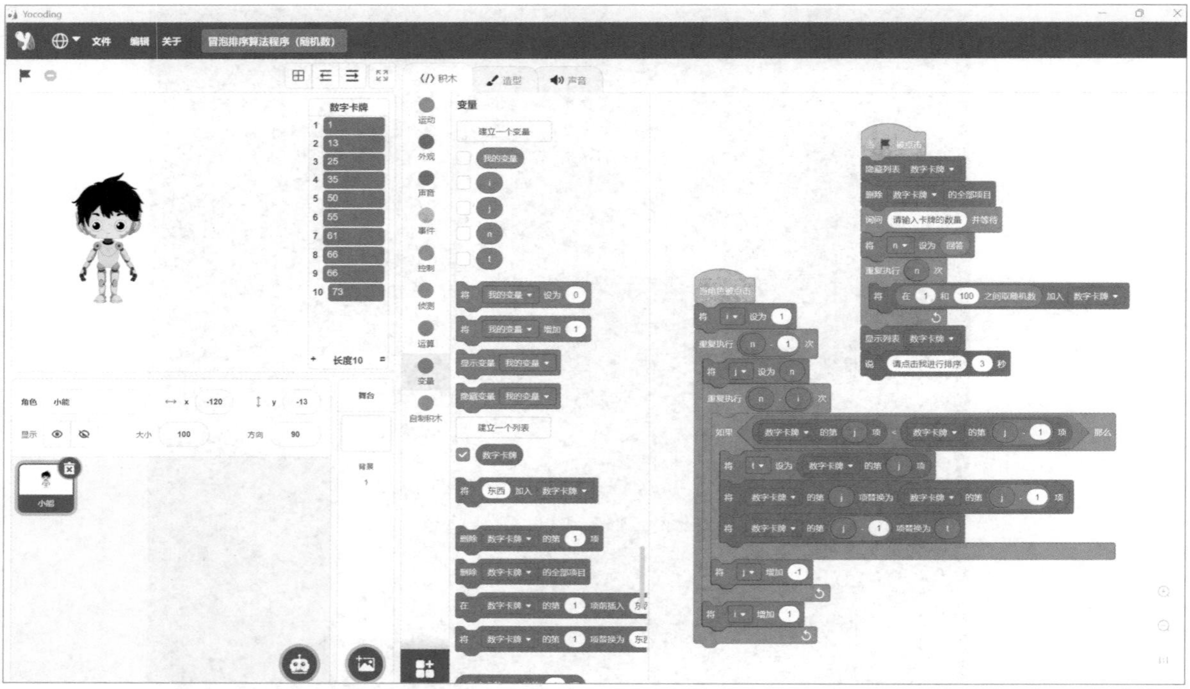

图 1-7　用图形化编程语言实现冒泡排序算法

知识拓展

图形化编程与代码编程的差异

图形化编程和代码编程是两种不同的编程方法，它们针对不同的用户群体，并在表达和实现程序逻辑上有显著差异。

代码编程要求编写具体的代码指令，适合于具有一定计算机基础和逻辑思维能力的用户，比如专业软件开发者和计算机相关专业学生。它要求用户熟悉编程语言的语法规则和编程概念，是深入理解程序内部工作原理的理想选择。

相比之下，图形化编程提供了一种更直观、对用户更友好的方式，特别适合编程新手或对技术感兴趣但尚未接触过代码的用户，比如儿童和无技术背景的成人。它通过拼搭图形化的积木来构建程序，其中每块积木代表不同的编程功能和逻辑。这种方式降低了学习编程的入门难度，使得编程变得更加易于理解和操作。

尽管图形化编程易于上手且适合初学者，但它在处理复杂的编程任务时可能不如代码编程灵活和强大。因此，虽然图形化编程是一种极佳的入门工具，对于需要进行深入学习和实现复杂功能的用户，传统的代码编程是不可或缺的。

我们通过表 1-3 直观地对比图形化编程和代码编程的优势和劣势。

表 1-3　图形化编程和代码编程的优势和劣势

类　别	优　势	劣　势
图形化编程	直观易懂：使用图形化积木进行拼搭操作来构建程序，非常适合初学者和儿童。 降低入门门槛：不需要深入理解复杂的编程语法。 增强学习兴趣：视觉元素和互动性能够使学习更有趣味。 强调逻辑结构：侧重于理解逻辑流程，而非专注于语法细节	功能局限：在处理复杂的编程任务时不如传统代码灵活。 扩展性有限：高级编程领域的应用受到限制。 性能问题：对于大型或资源密集型项目，性能可能不足
代码编程	灵活性高：可以精确控制程序的每个方面，适合解决复杂任务。 强大的功能范围：适用于广泛的编程需求，包括高级开发。 应用广泛：在专业软件开发和计算机科学领域占据主导地位	学习曲线陡峭：学习特定语法和编程概念可能相对困难。 调试难度大：修复复杂的代码错误可能较为耗时且挑战性大。 文本基础：相比图形化编程，缺乏直观性，对视觉学习者不那么友好

1.2.3 编程与人工智能应用

编程是人工智能的基石，它提供了开发和运行人工智能算法所需的工具，并帮助推动了人工智能技术的发展。通过编程，我们可以创造和管理各种人工智能系统，使它们能够适应不断变化的需求和应对新的挑战。为了更好地理解这一点，我们通过一个例子来看看编程如何帮助实现人工智能的应用。

以自动驾驶为例（图 1-8），这个领域将机器学习、深度学习、计算机视觉和各种传感器技术结合在一起，形成了一个复杂的系统。

编程在自动驾驶系统中实现了多个工具的作用。

① 感知环境：自动驾驶汽车使用摄像头、激光雷达等传感器来观察周围环境。编程通过计算机视觉算法来处理这些传感器的数据，帮助车辆识别道路标志、行人和其他车辆等。

② 决策制定：车辆收集的数据会被机器学习和深度学习算法分析，这些算法也是通过编程实现的。它们帮助汽车做出决策，比如何时加速、减速、转向，或如何在复杂的交通情况中导航。

③ 安全性功能：编程用于开发各种安全功能，比如碰撞预防系统。这些系统能在检测到潜在危险时自动采取措施，例如紧急刹车。

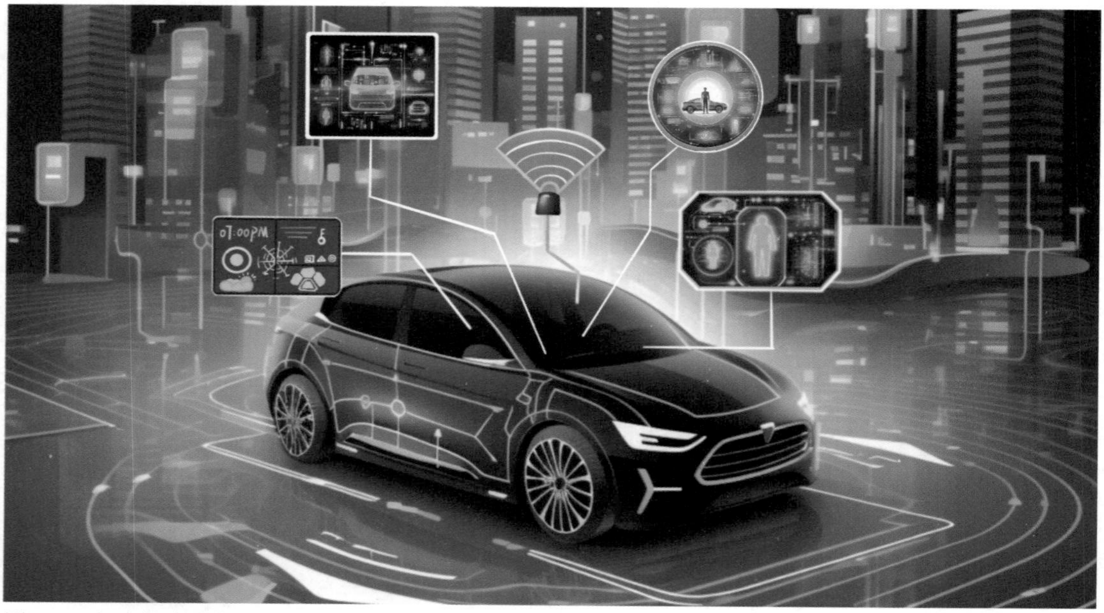

图 1-8 自动驾驶系统

④ 数据处理和存储：自动驾驶汽车需要快速处理和存储大量传感器数据，这也是通过编程实现的。

⑤ 用户界面：编程还被用于创建与用户交互的界面，比如车载信息娱乐系统，让用户可以设置目的地和控制车辆功能等。

体验感知

设计智能植物监测系统

活动情境

小能想探究关于植物生长和环境保护重要性的问题，由于学校没有足够的土地来建设大面积的花园，他决定利用学校屋顶空间建设一个小型花园。如何维护这些植物的生长成了一个挑战，于是他决定设计一个智能植物监测系统。

活动目标

设计一个自动监测植物健康状况的人工智能应用。

活动材料

控制主板（如 Arduino），土壤湿度传感器，光照传感器，计算机（安装有编程软件），图表制作软件（如 Excel）。

活动步骤

步骤 1：了解植物的需求。

• 分析植物生长所需的基本条件（水分、光照、温度等）。

• 了解使用科技监测和维护植物生长的关系。

步骤 2：设置传感器和主控板。

• 学习微控制器和传感器的基本功能。

• 将土壤湿度传感器和光照传感器连接到微控制器。

• 确保所有设备正常工作。

步骤 3：编程收集数据。

• 编写程序以使微控制器定期读取传感器数据。

• 将数据传输到计算机。

步骤 4：数据可视化。

• 使用软件将收集到的数据转换成图表。

• 分析一段时间内的数据变化，了解植物的生长状况。

步骤 5：自动化实现。

• 根据数据自动做出决策(例如当土壤湿度低于特定阈值时自动提醒浇水)。

• 编程实现这一自动化功能。

在自动驾驶这个例子中，编程不仅是实现具体功能的工具，还是整个系统智能化的基础。随着编程的优化和算法的不断更新，自动驾驶汽车能够更安全、更有效地运行。

在人工智能应用的开发过程中，编程起到了至关重要的作用。借助机器学习和深度学习等先进技术，人工智能能够通过数据分析实现自主学习和推理。在这一过程中，编程不仅是实现这些复杂人工智能算法和模型的基础，也是控制计算机进行有效数据处理、分析和学习的关键。通过编程语言以及相应的丰富工具和库（库是一个集合，其中包含了预先编写好的代码，这些代码可以用于执行常见的编程任务），开发人员得以构建和优化这些系统，从而设计、开发和训练高度复杂的人工智能系统，以及实现其核心算法和模型功能。

第 2 章　走进编程

导　言

现在我们知道人工智能的核心是算法，要让这些算法工作，就需要通过编程来实现它们。在编程时，我们可以选择不同的编程语言，例如使用 Python，或者使用图形化编程语言。

在本章中，我们将一起使用上海市青少年活动中心为少年儿童打造的图形化编程软件 Yocoding。我们会跟着小智和小能一起发挥想象力，创建一个游戏场景。在这个过程中，我们会添加角色，并编写程序来完成游戏。

Yocoding 是一种图形化编程语言，特别适合编程初学者。它容易上手，可以让你快速体验到编程的乐趣和创造性。通过使用 Yocoding，我们将踏入一个奇妙且充满创意的编程世界。同时，我们还会学习程序的三种基本结构：顺序结构、循环结构和分支结构，这将为我们后续学习算法打下坚实的基础。

2.1 认识 Yocoding

我们已经知道计算机的编程语言和人类语言一样有很多种，比如 C，C++，Java，Python。本书的主角 Yocoding 也是编程语言的一种，属于图形化编程。它和其他图形化编程语言一样，是通过使用图形化的积木进行组合，实现程序逻辑和算法表达。编程的过程非常直观，特别适合青少年学习使用。

2.1.1 Yocoding 的下载与安装

怎么用 Yocoding 来进行编程呢？让我们从如何在计算机上安装 Yocoding 软件开始吧！

1. Yocoding 软件的获取

关注上海市青少年活动中心或上海少年科学院的微信公众号（图 2-1），发送消息“Yocoding”或“图形化编程软件”，就可以自动接收 Yocoding 软件的下载地址，在计算机上进行下载即可。

（a）上海市青少年活动中心

（b）上海少年科学院

图 2-1 微信公众号二维码

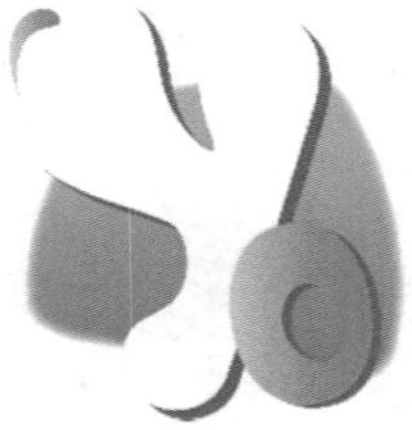

图 2-2 Yocoding 安装文件图标

2. Yocoding 软件的安装

下载完成之后，用鼠标左键双击 Yocoding 安装文件（图 2-2），根据提示进入安装界面（图 2-3），需要接受“Yocoding 用户协议”，然后点击“下一步”继续安装软件。

按照安装程序的提示，一步一步点击进行安装即可。安装完成后，打开桌面上 Yocoding 软件的快捷方式，就可以进入 Yocoding 软件界面了（图 2-4）。

动手实践

尝试下载并安装 Yocoding 软件，用拼搭积木的方式编写程序，让小能说“你好，我是小能！”（图 2-5）。

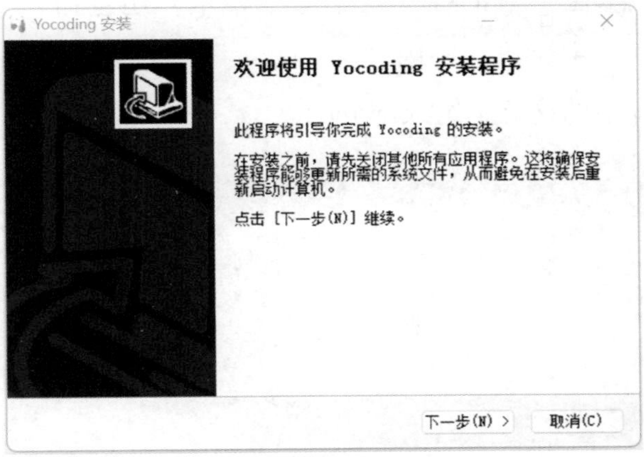

图 2-3　Yocoding 软件安装界面

图 2-5　“你好，我是小能！”

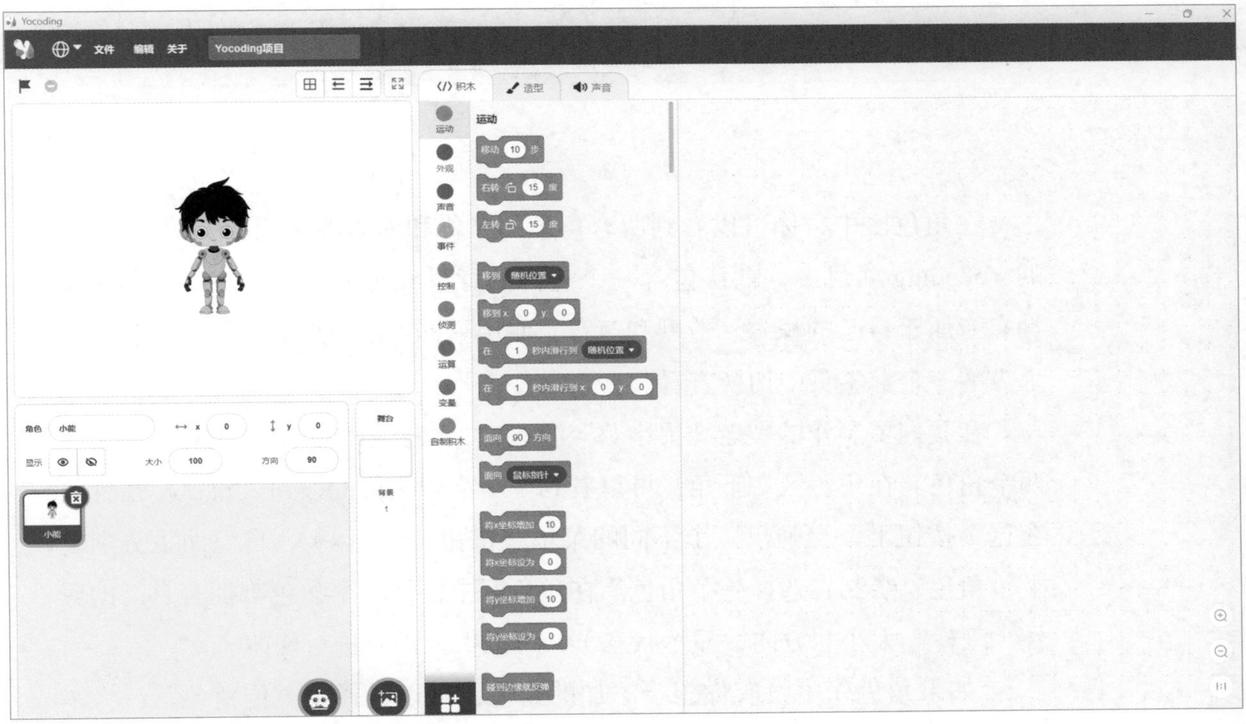

图 2-4　Yocoding 软件界面

2.1.2 Yocoding 的图形化编程界面

Yocoding 的图形化编程界面包含五个区域：菜单栏、舞台区、角色区、积木区、编程区（图 2-6）。在积木区上方的标签页中除了积木，还包括造型和声音，我们将会在之后的学习中讨论这些内容。

让我们具体看看 Yocoding 软件中的这五个组成部分吧。

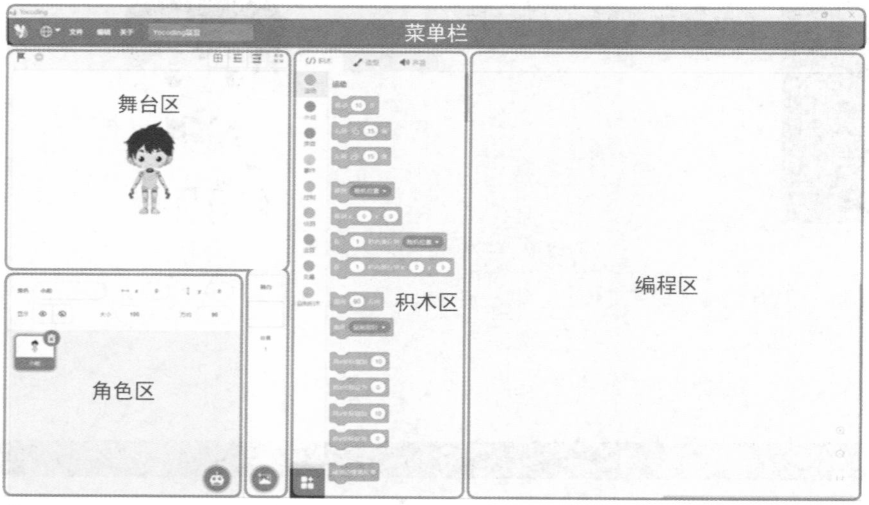

图 2-6 Yocoding 软件界面分布

1. 角色区

在角色区中，你可以看到所有角色的名称和缩略图（图 2-7）。一个新的 Yocoding 项目中，默认包含一个空白的背景和小能角色。每一个角色都拥有专属于自己的积木、造型和声音，使用鼠标点击角色后，可以在积木区上方的三个标签页中切换查看。

在我们要制作的“老鹰捉小鸡”游戏中，需要添加“老鹰”和“鸡蛋”两个角色。在角色区右下角，可以看到一个小智头像的按钮，将鼠标指针放在这个按钮上，会弹出三个不同的菜单式按钮（图 2-8），自上而下分别是上传角色、绘制、选择一个角色。在角色区中，每一个角色都拥有自己的属性（坐标、大小、方向、显示状态），可以根据需要进行修改。

如果角色库中没有你想要添加的角色，可以选择“上传角色”，将本地计算机中的角色上传到角色区中，当然也可以使用绘图编辑器自己绘制一个新角色。

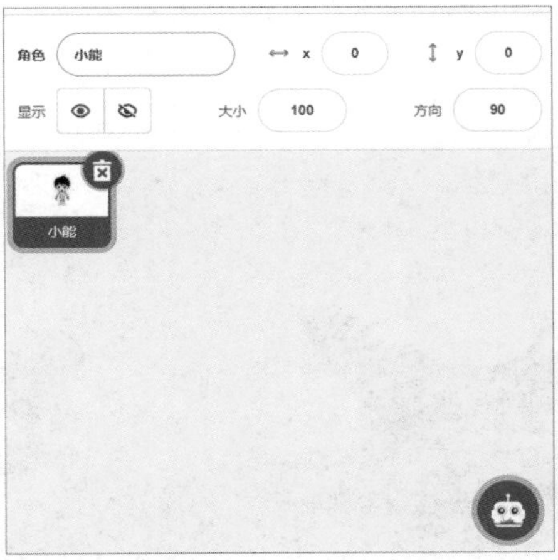

图 2-7　角色区

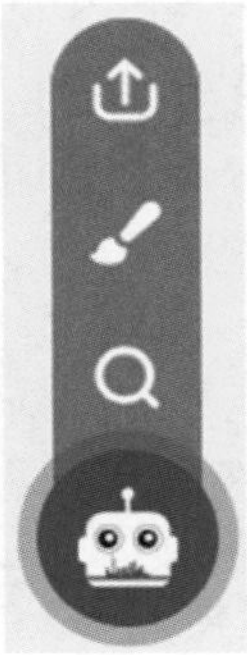

图 2-8　添加角色按钮与菜单

图 2-9　上传老鹰和鸡蛋的角色

动手实践

在 Yocoding 软件中添加一个老鹰和一个鸡蛋的角色，效果如图 2-9 所示。可以在本书配套资源包中，找到第 2 章的“老鹰 .syac”和“鸡蛋 .syac”角色文件进行上传，然后根据需要修改角色属性。此外，你还可以尝试拖动角色缩略图来改变角色列表的排列顺序。

2. 舞台区

舞台区是角色进行移动、变化和交互的区域，也是我们观察和体验编程效果的地方（图 2-10）。

在图形化编程的过程中，除了各种角色以外，背景的选择也会让整个编程作品增色不少。背景体现了故事或游戏出现的场景，合适的背景设置会使作品更有代入感，能够起到烘托气氛的作用。

添加背景的方法与添加角色是类似的，找到舞台区的  按钮，根据具体需求，可以上传背景、绘制背景或者在背景库中选择背景。

图 2-10　Yocoding 舞台区

动手实践

现在 Yocoding 的角色区已经有老鹰和鸡蛋两个角色，但是背景空空如也，请尝试添加一个合适的背景，让舞台效果更好看（参考图 2-11）。

图 2-11 添加背景参考效果图

知识拓展

舞台区图标的功能

在舞台区上方，可以看到六个图标。其作用如下。

运行：开始执行程序。

停止：停止执行程序。

参考线：显示 / 隐藏坐标参考线。

舞台模式：小舞台 / 大舞台模式。

全屏：开 / 关舞台全屏模式。

3. 菜单栏

菜单栏主要提供一些软件的常用功能，包括切换语言、打开程序文件、保存程序文件、开关加速模式等。

我们已经完成了“老鹰捉小鸡”游戏的角色和背景设置，需要及时进行保存，避免发生作品因未保存而丢失的情况。找到菜单栏中的“文件”菜单，选择“保存”选项，选一个计算机中保存的位置，然后给程序文件起一个名字，按“保存”按钮就可以了。

知识拓展

菜单栏图标的功能

切换软件界面的语言，默认是简体中文。

文件　新建程序文件、打开程序文件、保存程序文件。

编辑　恢复操作、打开 / 关闭加速模式。

关于　显示 Yocoding 图形化编程软件的版权信息。

4. 积木区

在Yocoding中一共有十大类积木，分别是运动、外观、声音、事件、控制、侦测、运算、变量、自制积木和扩展积木。

Yocoding的所有指令都是以积木的形式呈现的，通过不同的颜色进行分类，这样就可以快速查找到某个积木了。当然，有些类别的积木需要在特定的条件下才会出现，比如列表（图2-12），仅在创建了列表之后才会出现相应的积木。

你可以尝试用鼠标单击某块积木。例如你在运动模块中单击移动10步的积木（图2-13），那么角色会在舞台上移动10个单位，再单击一次，角色又会移动10个单位。

图2-13 移动10步的积木

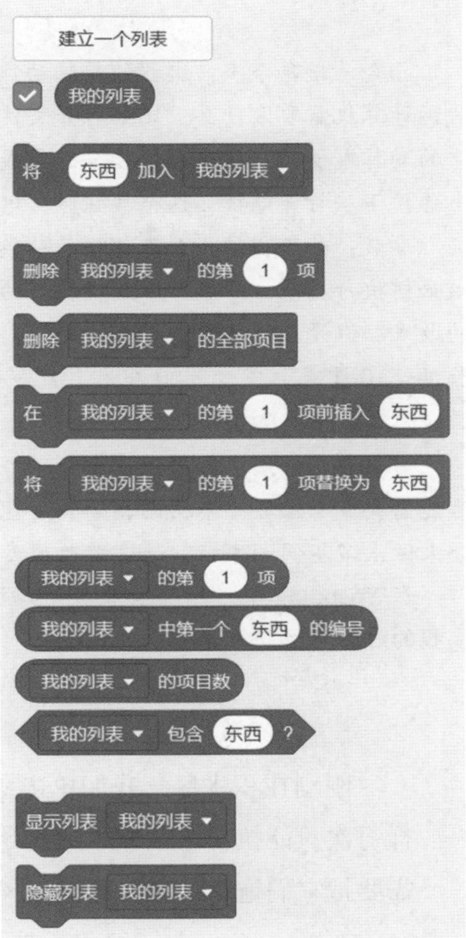

图2-12 列表积木

知识拓展

Yocoding中的1步

在Yocoding中移动1步与现实生活中移动1步并不是一回事，因为Yocoding的舞台是由像素构成的，这里的1步其实代表的是一个像素点，因此你会发现移动10步在Yocoding中移动的距离很短。

你是不是也发现了，在图2-13所示的积木中，默认移动的步数是10，但这个步数是可以修改的，我们把积木中这个可以修改的地方叫作参数。类似这样带参数的积木还有很多，有些积木甚至拥有多个参数。

知识拓展

编程中的“指令”和“参数”

指令（或命令）：编程的基础动作。指令就像是给计算机的直接命令，这些命令告诉计算机需要做什么，比如打开文件、保存图片或计算数字，每个命令都是一个具体的动作或操作。你可以把指令想象成遥控器上的按钮，每个按钮都有特定的功能。当你按下“打开电视”这个按钮时，电视就会打开。

参数：让编程的指令具体化。参数是附加在指令上的特定信息，它们告诉计算机该如何执行指令。参数可以改变指令的行为，让同一个指令在不同情况下可以有不同的效果。假设你让计算机画一条线段，这里的“画线段”是指令，而你想要画的线段长度“10 厘米”或者“20 厘米”就是参数。参数让“画线段”这个指令更加具体，符合你的要求。

可以想象一下，如果没有参数，每个指令都只能做一件非常具体的事。那样，你可能需要成千上万个不同的指令来处理不同的情况。有了参数，你就可以用同一个指令来做很多不同的事情，只需要改变参数就行。这让编程更加灵活和强大。

在 Yocoding 中，指令和参数是以图形化的“积木”形式来呈现的，所以图形化编程的过程更像是在搭积木。

5. 编程区

刚刚在积木区，我们单击“移动 10 步”的积木可以让角色移动，但这样每次只能执行一块积木的指令，如果想看到多块积木指令执行的效果，就需要把它们拖动到右侧的编程区。

在 Yocoding 中，编程就是将一块块积木从积木区拖动到编程区，并且按照一定的规则拼搭在一起，完成之后，这些组合在一起的积木就称为程序（图 2-14）。程序是可以运行的。如果在编程的过程中，出现积木无法拼搭在一起的情况，那么一定不符合编程的规则，所以说这种积木拼搭式的编程方法在一定程度上降低了编程中出现错误的可能性，这对编程初学者来说非常友好。

图 2-14　Yocoding 程序示例

我们在编写程序时，并不是将所有的积木都拼搭完成后才可以运行，也可以在编程的过程中随时点击部分积木或积木组合，测试运行的效果，随时进行修改，这也是图形化编程在程序调试上的便捷之处。

更多关于图形化编程基础内容的探究将在后面通过“老鹰捉小鸡”这个游戏深入展开。

2.2　图形化编程基础

在上一节中，我们已经为“老鹰捉小鸡”这个游戏做了一些准备工作，添加了老鹰和鸡蛋的角色，以及适当的背景。接下来，我们在制作这个游戏的过程中，会了解更多 Yocoding 的功能以及图形化编程的基本操作方法。

2.2.1　新手入门

1. 让角色动起来

角色成功地站在舞台上还不足以使画面具备动画的效果，大多数的游戏或动画故事程序需要通过角色的移动来实现。在舞台的范围内，角色向某个方向移动一定的距离，一般通过运动积木来进行。本节我们就来学习如何使角色移动起来（图 2-15）。

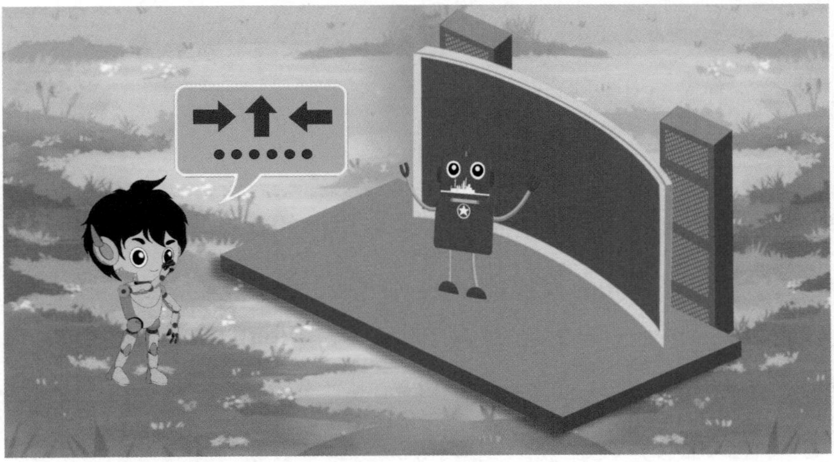

图 2-15　随指令起舞的小智

（1）绝对运动

在 Yocoding 软件中，舞台是一个 480 × 360 的矩形网格，以舞台正中间为坐标的原点（0，0），可以通过改变横坐标“x”、纵坐标“y”的值来表示舞台上每个位置对应的坐标（*x*，*y*）。如果运动的目标是舞台上的具体位置，那么这样的运动指令称为绝对运动指令。在 Yocoding 的运动积木中，可以发出绝对运动指令的积木有右边这四个。

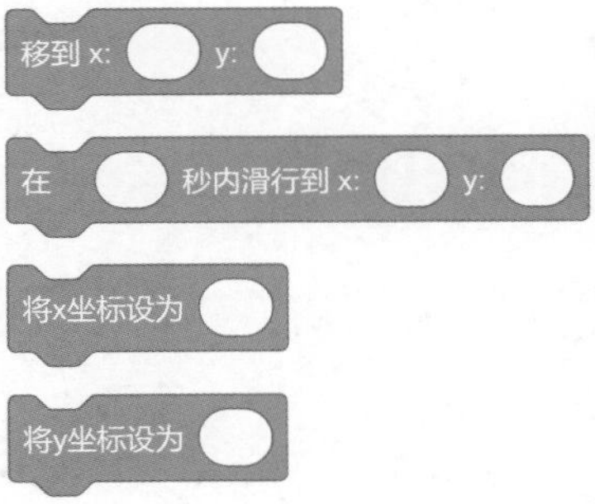

我们通过一个例子来看看绝对运动究竟是一种什么样的运动方式。假设小能要到达的目标在小红旗的位置，目的地坐标为（200，100）。最直接的方法就是用 [移到 x: ( ) y: ( )] 积木，将角色移动到目标位置，其中“x”坐标表示在舞台上横向移动的距离，“y”坐标表示在舞台上纵向移动的距离（图 2-16）。

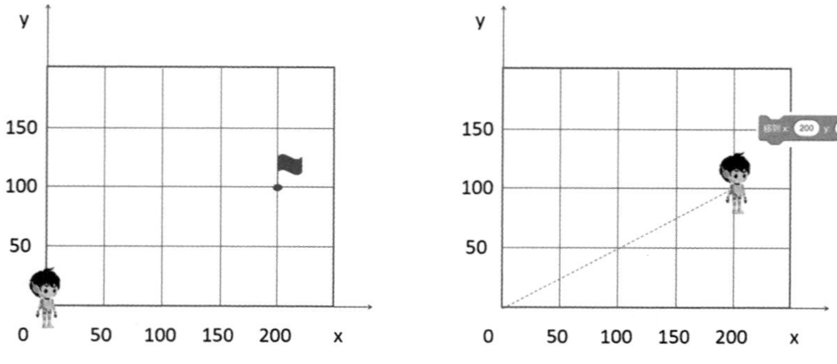

（a）移动前　　（b）移动后

图 2-16　绝对运动的动作示意图

思考探索

直接使用 [移到 x: ( ) y: ( )] 积木，移动时可能会有哪些问题？动手试一试。

问题 1：小能没有面向目标方向；

问题 2：移动瞬间发生，难以看清。

如果需要改变角色瞬间移动的情况，可以将角色的移动速度放缓，使用 [在 ( ) 秒内滑行到 x: ( ) y: ( )] 积木来同时设置移动的时间和目的地坐标。

当然，还有另外一种绝对移动到目标位置的方法，可以利用 [将x坐标设为 ( )] 和 [将y坐标设为 ( )] 两块积木分别改变 x 坐标和 y 坐标以达到效果（图 2-17）。

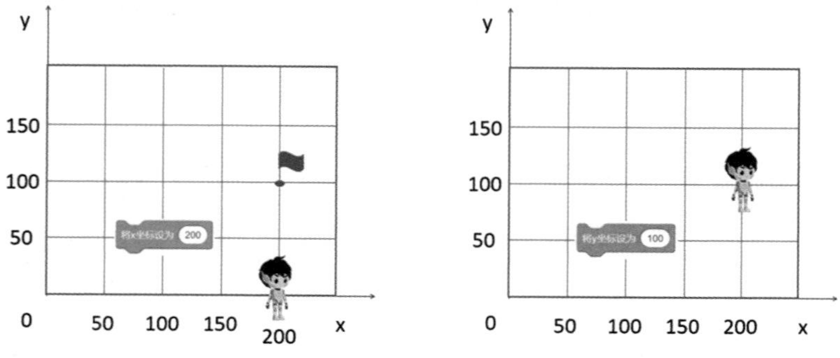

（a）改变 x 坐标　　（b）改变 y 坐标

图 2-17　用绝对运动实现移动的示意图

如果需要在舞台上将坐标显示出来，可以勾选运动积木中“x 坐标”和“y 坐标”这两块积木前的复选框（图2-18）。

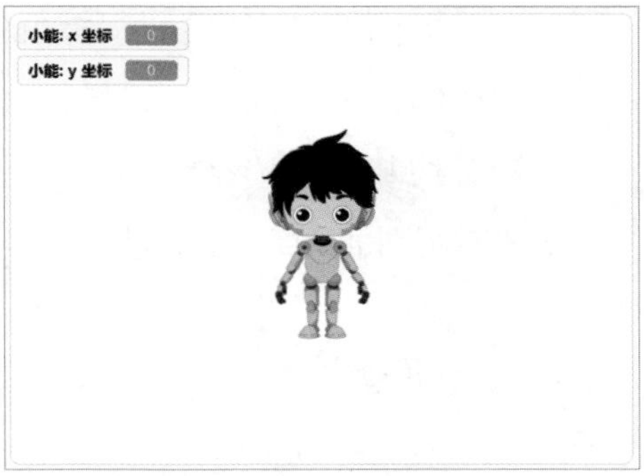

图 2-18　显示角色坐标的效果图

知识拓展

角色的中心位置

不知大家有没有想过，小能在舞台上的坐标位置到底是以头顶的坐标为准还是以身体正中心的坐标为准呢？其实在 Yocoding 中，角色的坐标位置指的是这个角色造型的中心位置，比如将某角色移动到（0，0），其实就是把这个角色造型的中心位置移动到（0，0）。当然，角色的中心位置是可以进行修改的（图 2-19）。

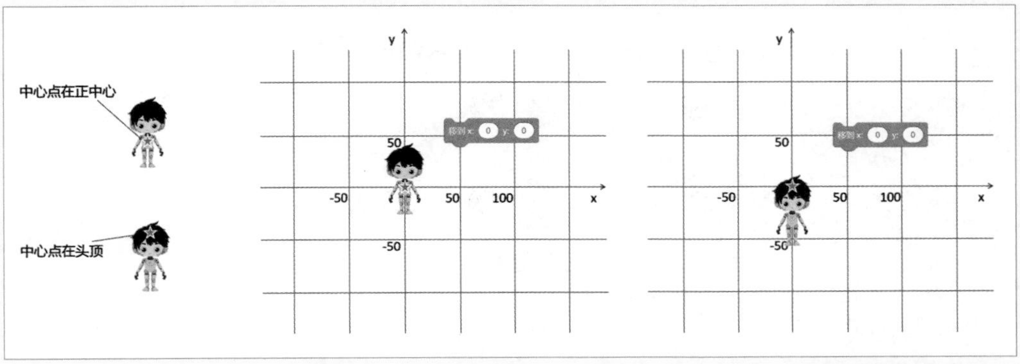

图 2-19　角色中心位置差别示意图

动手实践

根据以下程序，写出每块积木执行后老鹰所在位置的坐标（图 2-20，图 2-21）。

图 2-20　老鹰角色移动的程序

图 2-21　老鹰角色移动效果图

上面的“老鹰角色移动的程序”是按自上而下的顺序一块一块积木向下执行的，程序间没有跳转，也不会跳过任何一块积木，像这样的程序结构就是三种基本程序结构中的“顺序结构”。除了“顺序结构”之外，程序结构还有另外两种，分别是“分支结构”和“循环结构”。

体验感知

方 向

积木能将角色旋转至任意角度，点击角度数据，在下方的转盘中可以进行快捷选择（图 2-22）。在 Yocoding 中，对于角色的方向，0 度是向上，90 度是向右，180 度是向下，-90 度是向左。

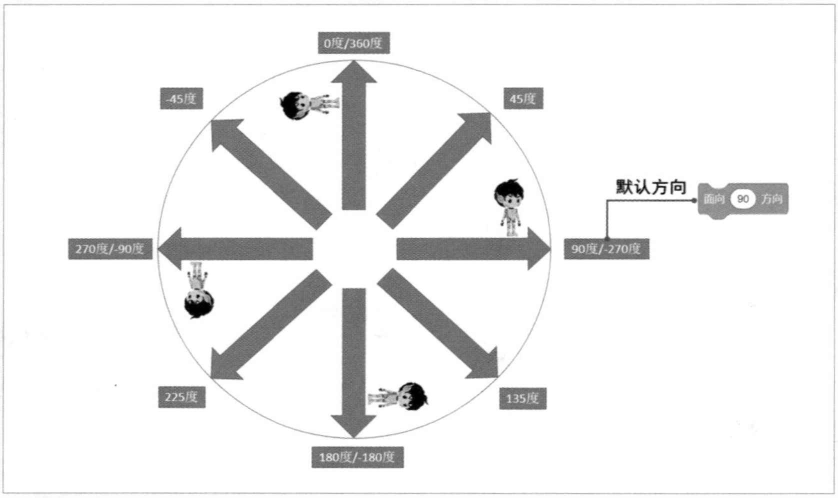

图 2-22 角色方向示意图

勾选运动积木中“方向”积木前的复选框 

，可以在舞台上将角色的方向显示出来，效果如图 2-23 和图 2-24 所示。

图 2-23 积木方向转盘

图 2-24 角色方向显示效果图

（2）相对运动

当角色没有可供参考的坐标时，要移动到目标位置，就需要根据角色的当前位置进行面向前、后、左、右移动一定距离的相对运动。比如在图 2-25 中，小能到目标位置的方法是向前移动三格、向左转、向前移动两格。

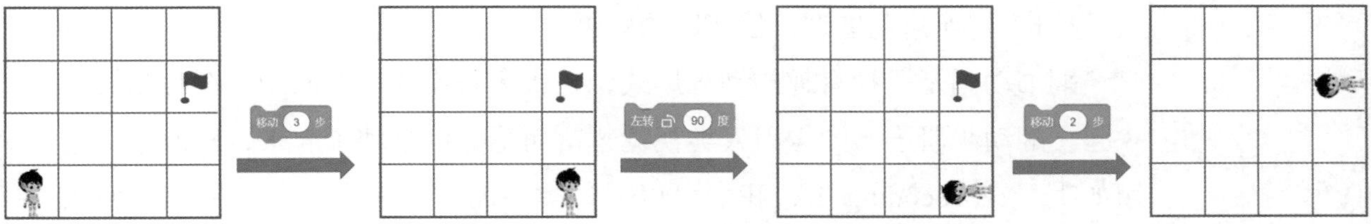

图 2-25　相对运动的动作示意图

在 Yocoding 的运动积木中，可以发出像这样的相对运动指令的积木有如下五种。这些相对运动积木所表达的指令都是基于角色当前所在的位置开始执行的。

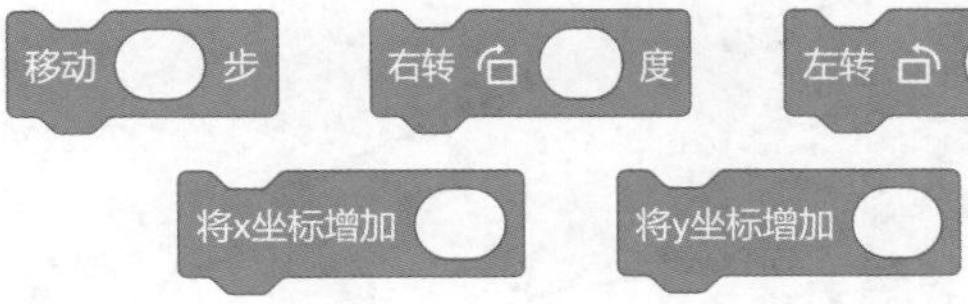

动手实践

分别执行下面两段程序（图 2-26），你能写出老鹰最终的（x, y）坐标吗？比较两段程序的运行结果，你有什么发现吗？

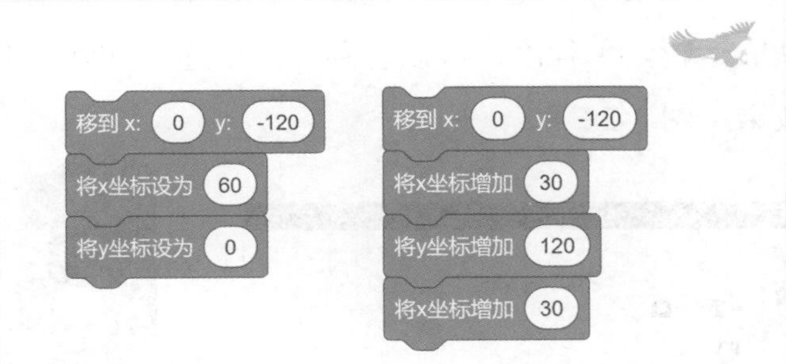

图 2-26　老鹰角色移动的程序对比

其实，除了以上运动积木之外，还有一些其他的运动积木，你可以在 Yocoding 软件中找一找并试一试。

2. 更换角色造型

在编程的过程中，除了使角色能够进行简单的方向转变和移动外，常常需要对角色的外观进行一定的修饰，这样不仅可以使角色更为生动，也能使程序有更好的视觉效果和体验。接下来，我们就一起来探索外观积木。

（1）切换角色造型，创建动画效果

翻书动画是一种有趣的动画形式，它将多张连续动作的漫画图片装订在一起。翻动小册子，图像因人类视觉暂留而感觉像是动了起来，画面顿时栩栩如生。在 Yocoding 中，我们可以通过类似的方式来切换角色造型，使角色在舞台上活动起来，达到动画的效果（图 2-27）。

图 2-27 翻书动画

下面这个例子中仅有小能一个角色，但在造型选项卡里，小能有四种不同的角色造型。运行角色程序，可以看到小能以连续动画的形式产生了逼真的行走动画效果（图 2-28）。

图 2-28 通过切换造型实现动画效果

在这个程序中，最关键的积木是“下一个造型”，它实现了四个造型间的切换，使画面能够像手翻书一样，呈现出动画的效果。

当然，也可以使用 换成 小能-a ▾ 造型 积木来进行造型的切换，在下拉菜单中，可以看到角色的几种不同造型，可以按需进行选择。

在外观积木中，与前两块积木相似的还有 换成 背景1 ▾ 背景 和 下一个背景 积木，它们是对背景进行切换的操作。我们通常通过切换背景来实现画面的转换。

思考探索

程序中的 等待 0.1 秒 积木有何作用？可以省去吗？有更便捷的编程方法吗？

重复的积木其实可以利用三种基本程序结构中的“循环结构”来简化。什么是“循环结构”呢？

举个例子，小能正在给花园里的 20 株花浇水（图 2-29），他先浇第一盆花，向前移动一步，接着浇第二盆花，再向前移动一步，然后浇第三盆花，再向前移动一步，如此重复 20 次。

图 2-29　重复执行的浇花动作

由此可知，循环结构就是一段程序中需要反复执行某些步骤时用到的结构。其中，需要反复执行的积木称为循环体。像小能浇花这样重复性的、具有规律的工作就非常适合使用循环结构。使用循环结构可以大大提高工作效率，比如在“通过切换造型实现动画效果”的程序中（图 2-28），也可以表示为图 2-30 中的循环结构。

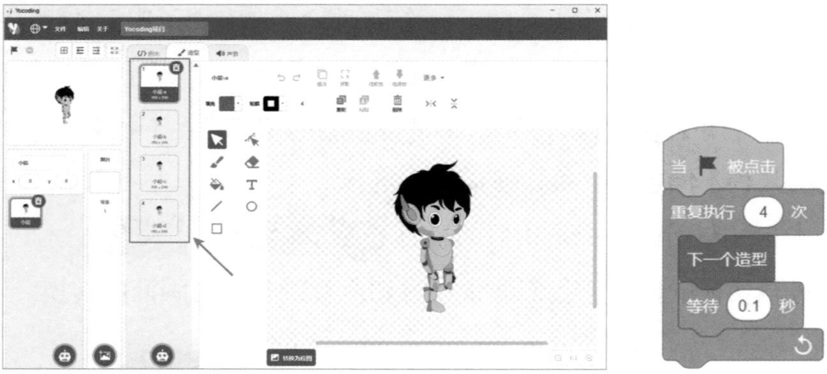

图 2-30 通过循环结构切换造型实现动画效果

在这段程序中，循环体执行的次数是已知的，共 4 次。像这样已知循环次数，按次数来执行的循环，可以用积木来构建。

思考探索

在一个循环中，如果循环次数是未知的，应该用什么方法来构建呢？

在绝大多数情况下，循环的执行具有一定的条件，比如以下程序可以实现小能从舞台的左边走到右边，并在舞台边缘处停下（图 2-31，图 2-32）。

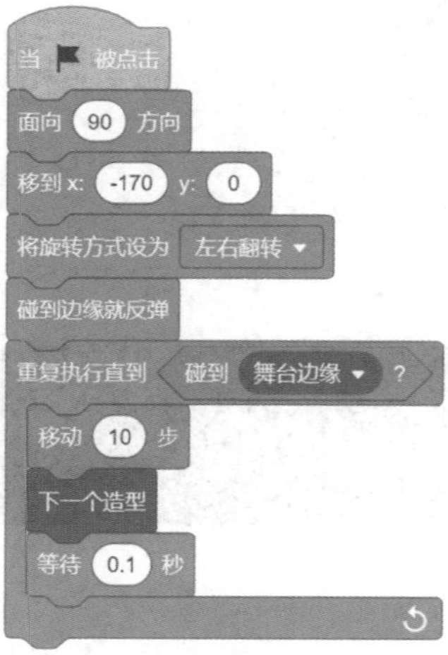

图 2-31 小能走到舞台边缘的程序

图 2-32 小能走到舞台边缘的效果示意图

这段程序中用到了积木，称为“直到循环”。当条件不成立时，不断重复执行内部的积木，当条件成立时循环就结束。

思考探索

当条件成立时执行内部的积木，不成立时循环结束，该怎么做呢？

若循环需要永远重复执行下去，也可以使用

积木，它会让循环体内的积木一直重复被执行，直到程序停止或者使用停止积木。

动手实践

编写程序，使老鹰扇动翅膀在舞台上来回飞舞（图 2-33）。

注意：不要飞出舞台边缘。

图 2-33 飞舞的老鹰动画效果

（2）角色的信息输出

在使用 Yocoding 进行编程的过程中，如果需要角色和用户对话，比如“打个招呼”，应该怎么办呢？这个时候就需要

和

积木来让角色输出文字信息，采用与漫画一样的方式显示在角色头顶的气泡中（图 2-34）。

图 2-34 小能“说”与“思考”的效果图

说和思考的内容会一直显示在舞台上，如果要让它自动消失，可以使用 说（ ）（ ）秒 和 思考（ ）（ ）秒 两块积木（图 2-35）。

图 2-35 小能说“你好！”2 秒后的效果示意图

动手实践

你觉得在上一个程序中，老鹰可能会想些什么、说些什么呢（图 2-36）？请发挥想象力，给老鹰加上想要表达的内容吧！

图 2-36 老鹰输出文字信息的效果图

（3）设置角色效果

对角色外观效果的设置主要可以分为三个方面：角色大小，显示与隐藏，角色特效。

角色大小由 将大小增加（ ） 和 将大小设为（ ） 两块积木控制。在其中填入的数值都是百分比。“将大小增加……”是针对角色当前大小的百分比，比如执行 将大小增加（10） 会让角色在现有大小的基础上变大 10%；“将大小设为……”是针对角色初始大小的百分比，比如执行 将大小设为（100） 会让角色变回初始的大小。

角色的显示与隐藏则分别由 显示 和 隐藏 两块积木控制。

动手实践

为角色“鸡蛋”编写程序，使鸡蛋从屏幕上方落下并消失。

知识拓展

角色特效

外观积木中的 将 颜色▾ 特效增加 ( )、将 颜色▾ 特效设定为 ( )、清除图形特效，可以给角色设置不同的特效，包含的特效类别如图 2-37 所示。

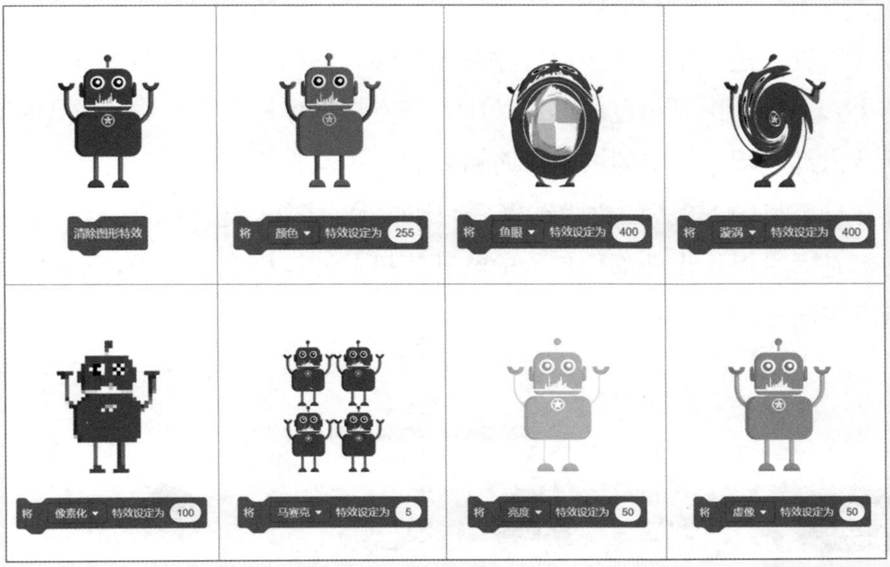
清除图形特效
将 颜色▾ 特效设定为 255
将 鱼眼▾ 特效设定为 400
将 漩涡▾ 特效设定为 400
将 像素化▾ 特效设定为 100
将 马赛克▾ 特效设定为 5
将 亮度▾ 特效设定为 50
将 虚像▾ 特效设定为 50

图 2-37　不同的角色特效效果图

（4）角色间的图层调整

当有多个角色在舞台上出现时，角色间就会一层一层地重叠起来，这个时候有的角色需要在上层，有的角色则需要在下层。利用 移到最 前面▾ 和 前移▾ ( ) 层 两块积木，可以对图层的上下关系进行调整（图 3-28，图 3-29）。

图 2-38　绿色小智在第 2 层的效果图

图 2-39　绿色小智在第 1 层的效果图

2.2.2 进阶挑战

在上一节，我们已经学会了让角色通过运动积木和外观积木展现各种不同的动画效果，接下来就可以在此基础上制作完整的程序了。我们将通过探索以“事件”与“控制”积木为主的其他积木，了解编程的基础概念（程序的输入输出、流程结构）。一起来挑战吧！

1. 角色间的消息传递

在编程的过程中，大多数程序需要将输入的信息进行一定的处理，再输出结果。上节中讲过角色的信息输出，其实在程序运行过程中，整个舞台的展示效果都是程序输出的结果，而输入的方式也非常多样。

在计算机中，输入的方式有很多，比如鼠标操作、键盘打字等（图 2-40），它们都是通过操作将外部信息传输给计算机，计算机会根据接收到的信息，进行对应的处理。

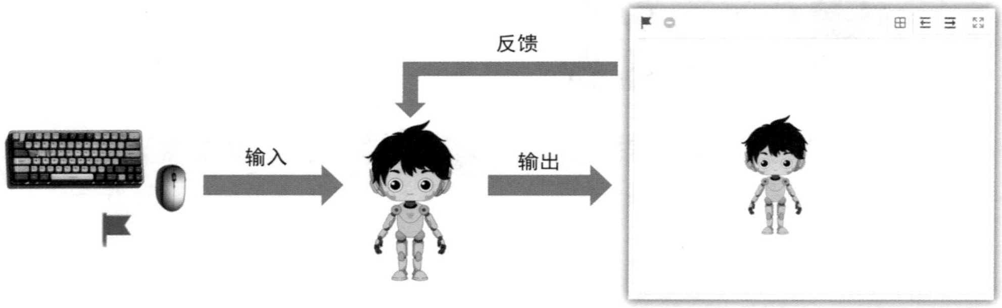

思考探索

在 Yocoding 软件中是如何实现接收输入信号的呢？

在使用 Yocoding 软件进行图形化编程时，最常用到的“输入”就是事件积木中的“点击小红旗”——当程序检测到用户“点击小红旗”的操作时，立即进行对应的处理（执行后续程序）。其实，像这样的积木在事件积木中还有很多，它们通过检测用户操作，再根据情况执行相应程序，如  和 。还有检测程序运行情况的积木，如  和 。在 Yocoding 中，事件积木就是程序的输入信号。

当然，也有可以自己定义的特殊的事件积木，比如可以广播信息的「广播 消息1」和「广播 消息1 并等待」积木，以及对应接收信息的「当接收到 消息1」积木。有了这些积木，就可以在程序间建立触发的链接，甚至可以进行多角色间的协调（图 2-41）。

在这个案例中，小智与小能展开了一段对话（图 2-42）。通过广播和接收，实现了两个角色间程序执行顺序的转换。

图 2-41　小智与小能的对话

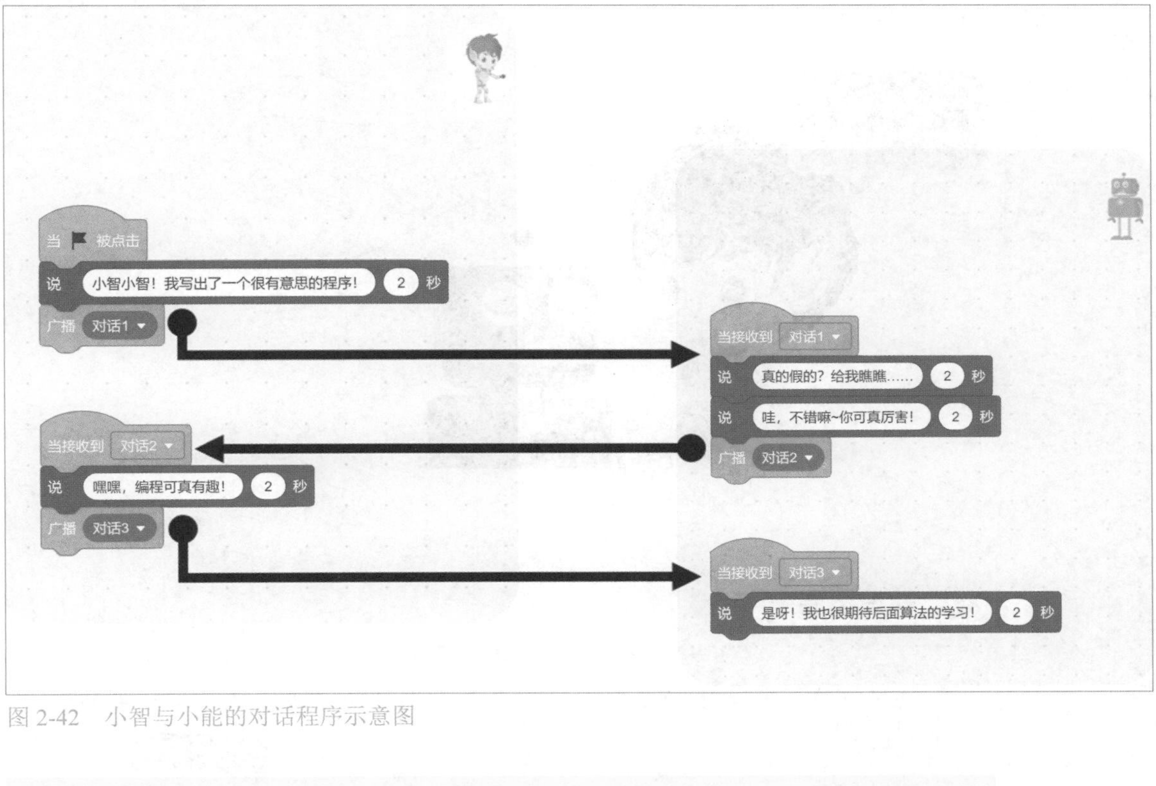

图 2-42　小智与小能的对话程序示意图

动手实践

修改“老鹰捉小鸡”游戏程序，使鸡蛋落地后，老鹰接收到游戏结束信号，并说话提示游戏结束。

2. 手动控制角色

在“老鹰捉小鸡”游戏中，需要玩家通过键盘上的方向键来控制老鹰角色的位置，这该如何实现呢？

之前已经介绍过三种基本程序结构中的“顺序结构”和“循环结构”，要实现这个功能就需要用到第三种基本程序结构——“分支结构”。

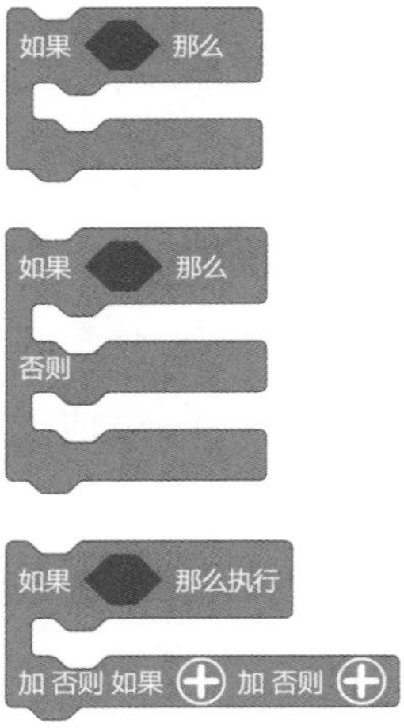

分支结构中，需要有一个特定的判断条件，根据条件的成立与否，选择执行相应的程序。在图 2-43 中，“小智是不是一个机器人”就是判断条件，如果成立则执行“那么”——唱歌，如果不成立则执行“否则”——变成蓝色。在 Yocoding 软件中，分支结构主要由右边三块积木来构建。

图 2-43　如果你是机器人

知识拓展

单分支与多分支结构

除了只有一个分支的单分支结构外，分支结构也会出现多个分支的情况（图2-44）。

当遇到多于两个分支的多分支结构时，可以使用积木  ，根据实际需要来增减分支。单击  第一个加号，可以添加更多分支条件，单击  这里的减号，可以删除这条分支，例如图 2-45 所示的这个交通信号小程序。

如果在上述条件都不成立的情况下需要执行某些指令，则可以单击  第二个加号，为这块积木添加最后一个分支。同样单击  这里的减号，可以删除这条分支，如图 2-46 所示。

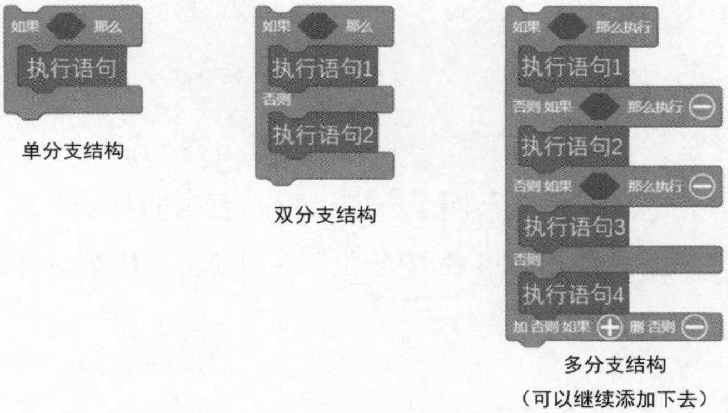

图 2-44　各种分支结构示意图

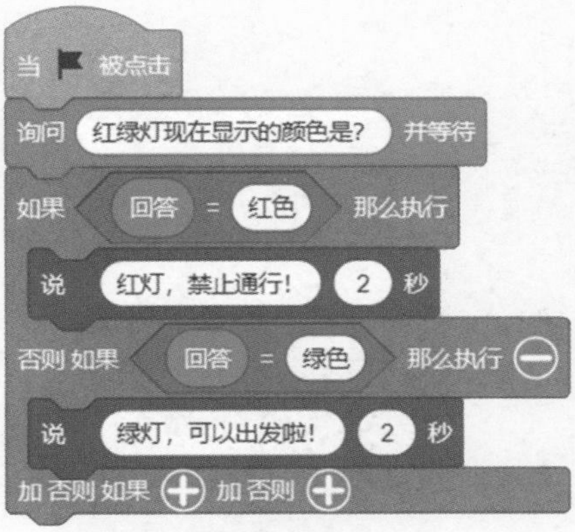

图 2-45　添加“否则如果”示例
——交通信号程序 1

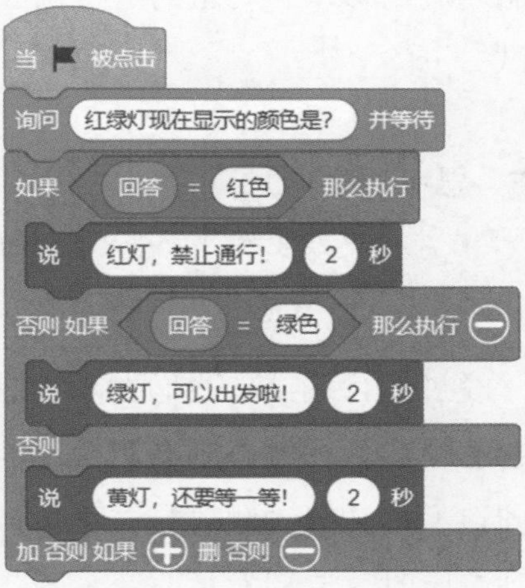

图 2-46　添加“否则”示例
——交通信号程序 2

动手实践

使用侦测与控制积木中的相关积木，修改“老鹰捉小鸡”的程序，使老鹰能够跟随键盘“上、下、左、右”方向键的控制向对应的方向移动。

使用运算积木中的 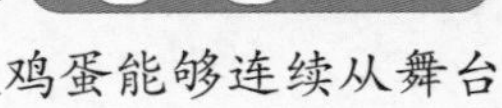 积木，结合之前的内容，修改“老鹰捉小鸡”的程序，使鸡蛋能够连续从舞台上方的随机位置落下 30 次。

2.2.3 我的第一个图形化编程小游戏

你发现了吗？在之前两节的内容里我们已经熟悉了“老鹰捉小鸡”游戏中的绝大部分功能。在本节中，我们将细化完善程序中剩下的部分，完成属于你的第一个图形化编程小游戏！一起动手试试吧！

1. 了解游戏规则

在开始之前，我们先来了解一下“老鹰捉小鸡”游戏的规则：在游戏中，通过键盘“上、下、左、右”四个方向键控制老鹰的移动，从舞台顶部会随机掉落鸡蛋，鸡蛋要顺利躲过老鹰的追捕落到地上才能成为小鸡，否则就会被老鹰破坏。

2. 进行程序调试

我们已经完成了添加角色和背景、老鹰展翅飞翔的动画效果、用方向键控制老鹰的移动、鸡蛋的随机位置下落，以及结束信号的广播。请运行程序调试一下。

思考探索

程序中还缺少哪些功能？该如何实现呢？

经过运行调试，我们发现程序中还缺少能够使鸡蛋在触碰到老鹰及地面时改变不同造型的功能。触碰是一种条件，当触碰到老鹰时，造型发生改变（图 2-47），因此需要在鸡蛋的角色中添加条件判断。

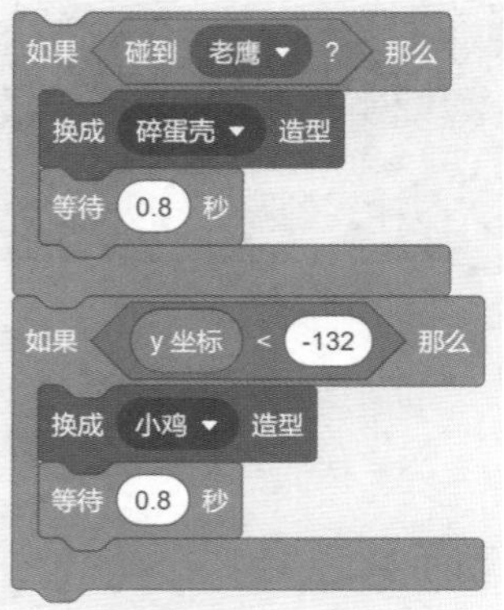

图 2-47 当鸡蛋碰到老鹰或地面时，造型发生改变的程序

加入条件判断，再次进行调试，发现程序出现了问题。鸡蛋虽然能够在碰到老鹰时改变造型，但是改变造型后依旧会继续下落执行后面的程序，无法仅删除这一次掉落的鸡蛋，这又该怎么办呢？

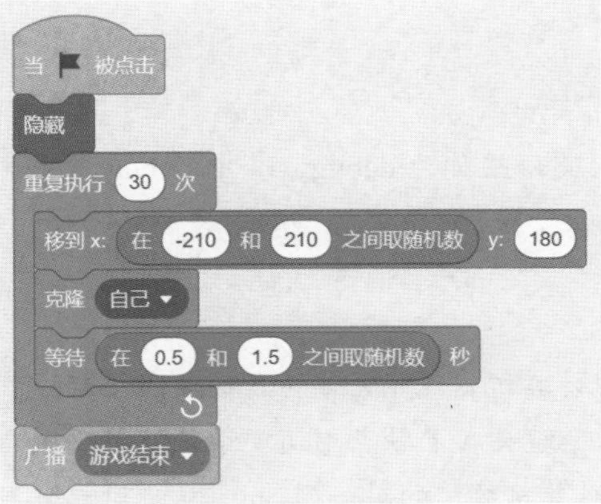

图 2-48　对角色鸡蛋进行克隆的程序

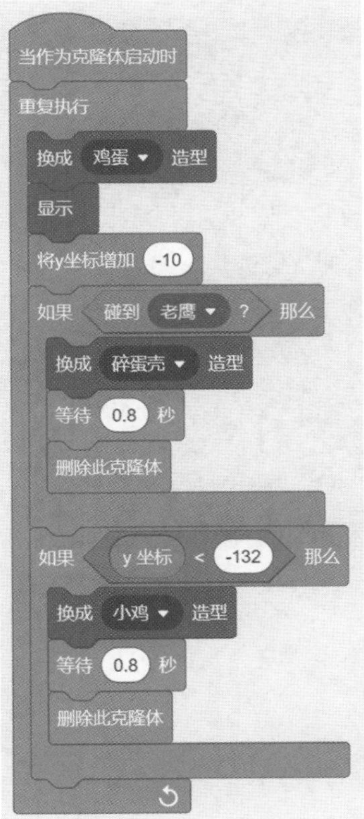

图 2-49　“当作为克隆体启动时”的程序

在这个小游戏中，我们还需要用到控制积木中的这三块积木。

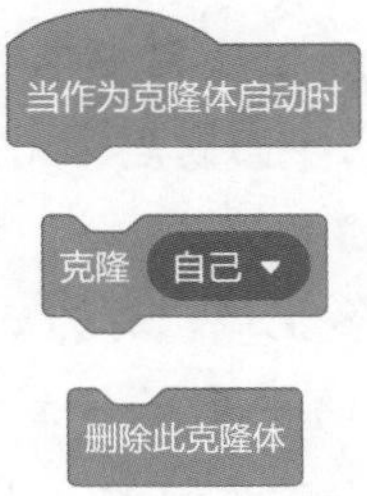

将随机下落的鸡蛋设置为克隆体，就可以在每次判断成立后进行删除了。我们来看看具体是怎么实现的。

在小鸡角色中，主体部分完成随机位置生成一个克隆体（图 2-48）。

当克隆体启动时，开始执行对应“当作为克隆体启动时”的程序。在碰到老鹰或落到地面时，切换造型，并将克隆体删除（图 2-49）。

在本节中，我们对程序进行了运行调试，找出了程序中的问题并进行了修正，完成了第一个图形化编程小游戏。到这里为止，你已经了解了 Yocoding 图形化编程软件的界面、基本操作和一些编程的基础概念知识。万事俱备，就让我们一起来开启下一章算法的探索吧！

动手实践

继续对游戏进行试玩调试。你觉得游戏体验如何？还有什么问题吗？可以根据自己的设想进行优化修改。

知识拓展

Debug 的由来

调试是编程过程中不可缺少的环节，英语里称为 debug，其中的 bug 是虫子的意思。从字面意思来看，debug 就是把虫子除掉，就像调试的中文含义一样，把错误的部分修正。

为什么会把调试称为 debug 呢？

1947 年的一天，一位外国女军人发现计算机出现了无法运行的故障。经过检修发现，导致故障的原因是一只小小的飞蛾夹在了触点中间。于是她将飞蛾粘在了自己的研究报告中，使它成为造成计算机故障的第一只 bug。从那时起，人们开始把造成计算机程序错误的故障都称为 bug，而揪出错误的 debug 也就因此而得名（图 2-50）。

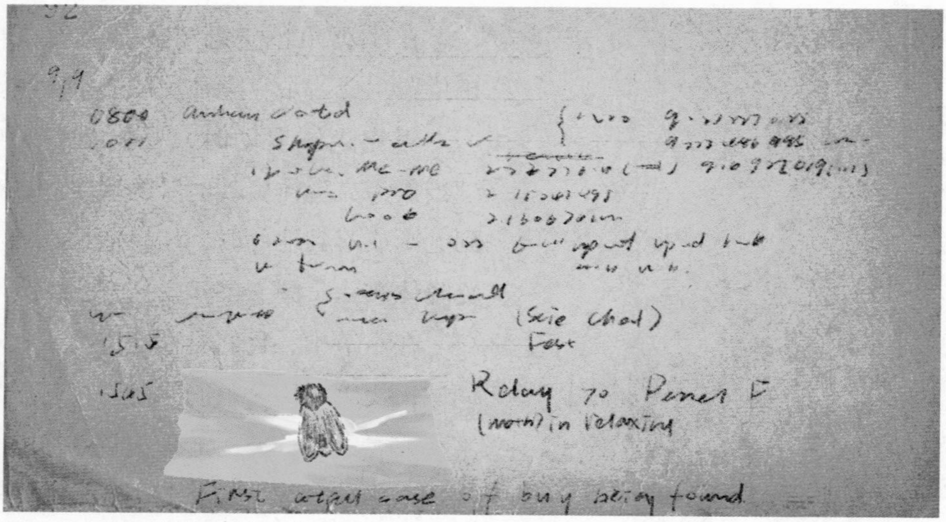

图 2-50　故事中的研究报告——粘有导致计算机故障的飞蛾

第 3 章　探索算法

导　言

在这个数字化的时代，算法无处不在，它们是帮助我们解决问题、组织信息，甚至预测未来的一系列步骤。假设你在玩一个迷宫游戏，目标是从进口到达出口，你需要做出一系列决策：向左转还是向右转，穿过这个通道还是绕道而行。算法就像是这个游戏中帮助你找到出口的指南，它是一系列的步骤和规则，告诉你如何一步一步地从复杂的迷宫中找到出口，而不是随意行走，凭运气找到出口。

在本章中，我们将通过图形化编程的方式，探索一些最经典的算法，比如枚举、排序、查找、迭代和递归，这些算法是学习编程的基础，它们就像是构建复杂程序的基本工具。通过本章的学习，我们可以看到算法是如何一步步构建起来的，这不仅使编程变得更加有趣，也让算法的概念更加易于理解和掌握。在这个过程中，你不仅将学会如何使用这些算法来解决实际问题，还可以提升逻辑思维能力和问题解决能力。

让我们一起踏上这段旅程，探索编程的奥秘，感受算法的魅力。

3.1 枚 举

枚举是编程中常见的一种算法，它的思想在我们日常生活中也经常被用于解决多种问题。

3.1.1 生活中的枚举算法

外卖骑手送餐时，通过 App 查看罗列的所有路线的情况，筛选出最佳的送餐路线（图 3-1）。

我们在列出一个数字的因数时，会检查从 1 到该数字的每一个数，以确定哪些数能够被它整除。

在现实生活中，我们经常遇到一些问题，它们的解决方案可能有多种。为了找到最佳答案，我们需要探索这些问题的每一种可能的解决办法，这就是枚举。

在计算机科学中，枚举算法是一种基础算法，用于系统地遍历和检查所有可能的情况，以找出可以解决问题的所有方案。这种算法通常用于处理那些解决方案数量有限但未知的问题。

图 3-1 外卖骑手查看送餐路线

3.1.2　枚举的应用

枚举算法不仅现在被我们用来解决日常生活中的多种问题，其实在古代有些经典的案例也可以用它来理解其背后的逻辑。

战国时期，有个叫田忌的人和齐王赛马，他们各有上、中、下三个等级的马，每轮比赛三场，每场比赛双方各派一匹马参赛，三场两胜。齐王各个等级的马都比田忌的强一点，几轮比赛下来，田忌一败涂地，垂头丧气。

在这个故事中，我们可以罗列出双方马匹对战时所有可能的情况，会发现共有六种可能性（表 3-1），其中只有一种马匹对战的方式能帮助田忌赢得比赛。

表 3-1　枚举田忌赛马的所有对战情况

人　物	第 1 场	第 2 场	第 3 场	比赛结果
齐王	上等马	中等马	下等马	—
田忌	上等马	中等马	下等马	齐王胜
	上等马	下等马	中等马	齐王胜
	中等马	上等马	下等马	齐王胜
	中等马	下等马	上等马	齐王胜
	下等马	上等马	中等马	田忌胜
	下等马	中等马	上等马	齐王胜

当年田忌的谋士孙膑就想到了用下等马对齐王的上等马，再分别用上等马和中等马对齐王的中等马和下等马的办法。现在我们使用枚举算法，也可以得出同样的解决问题办法。

枚举算法在日常生活中的应用很多，但是不是所有问题都适合使用呢？可以想象一下，如果你参加了一个寻找宝藏的游戏，在一个空间里隐藏着一些宝藏，枚举算法就像是你拿着一张这个空间的图纸，决定要检查空间里的每一个角落，确保不遗漏任何可能藏有宝藏的地方。这种方法很全面，因为你最终会检查空间中的每个部分，所以你不会错过任何藏宝的地方。但是，如果这个空间非常大，有很多的地方需要检查，这个过程可能就会变得非常耗时，找到所有的宝藏可能需要很长的时间。

枚举算法在一些简单的问题上很有效，比如在一个较小的空间里寻找宝藏，或者在一小堆数字中找出最大的数字。但是，当问题变得更大或更复杂时，比如面对一个巨大的空间或者成千上万的数字，枚举算法就会变得很慢，因为它需要花时间去检查每一种可能性。

虽然有这样的局限性，但在一些情况下，枚举算法仍然是解决问题的有效方法。它的优势在于简单和全面，可以帮助我们解决很多不同类型的问题，只是有时候我们需要足够的耐心来等待它找到答案。

体验感知

扑克牌游戏：24 点

24 点是一种有趣的智力游戏，它能够锻炼我们的思维能力和计算能力。在这个游戏中，我们从一副扑克牌中随机取出 4 张牌（图 3-2）。你的任务是使用这 4 个数字，结合加、减、乘、除的基本运算符，创造一个数学公式，使得结果恰好等于 24。

游戏规则很简单：你可以任意排列数字和选择运算符，但每张牌必须用一次且只能用一次。

在 24 点游戏中，我们有 4 个数字和 3 个位置来放置运算符（加、减、乘、除），这意味着可能的组合数是相当多的。但是，正是这种组合的多样性使得枚举算法成为找到正确答案的理想选择。我们可以编写一个程序，让它遍历所有可能的数字组合和运算符排列，然后计算出它们的结果。如果某个组合的结果是 24，那么我们就找到了一个解决方案。

使用枚举算法的优势在于它的全面性和确定性。通过枚举所有可能的情况，可以保证找到所有可行的解决方案，或者确定某些数字组合是无解的。

图 3-2　24 点游戏

3.1.3　枚举的编程实现

了解了生活中的枚举算法以及它的应用，那么怎么用编程来具体实现呢？让我们通过下面的例子一起来探索。

思考探索

"鸡兔同笼"问题

一个笼子里关着鸡和兔子，它们的脚加起来共有 26 只，而它们的头加起来共有 11 个，请问笼子里有多少只鸡，多少只兔子？

在"鸡兔同笼"问题中，我们可以通过一张表格，有序地排列出鸡和兔数量所有可能的组合（表 3-2），经过逐一检测，找到所有正确的答案。

表 3-2　鸡和兔数量所有可能的组合

	0	1	2	3	4	5	6	7	8	9	10	11
	11	10	9	8	7	6	5	4	3	2	1	0
总脚数	44	42	40	38	36	34	32	30	28	26	24	22

如果鸡和兔子的数量不是 11 只，而是几百只，我们该怎么办呢？

可以通过编程的方式应用枚举算法来求解，让程序自动进行枚举和验证，提高解决问题的效率。这个程序该怎么写呢？

通过对"鸡兔同笼"问题的已知信息进行分析和整理，我们知道鸡兔之间存在这样的数量关系：鸡的数量 + 兔的数量 =11；每只鸡有 2 只脚，每只兔子有 4 只脚，总共有 26 只脚，鸡的数量 ×2 + 兔的数量 ×4 = 26。因为不知道笼子里鸡和兔的具体数量，所以需要经过一系列计算和推导，得到符合题意的鸡和兔数量的组合。

在编程中使用枚举算法，通过循环的方式，让程序自动进行枚举，从 0 只鸡和 11 只兔子的组合，到 1 只鸡和 10 只兔子的组合，再到 2 只鸡和 9 只兔子的组合……逐一计算每种组合的总脚数，直到所有的组合都被检测后，得出最终的结果（表 3-3）。

表 3-3 “鸡兔同笼”问题中的数量关系和程序步骤

数量关系	程序步骤
鸡数 + 兔数 = 11 鸡数 × 2 + 兔数 × 4 = 26	①定义代表鸡和兔数量的变量。 ②通过循环把每种可能的鸡和兔数量组合出来；对每个组合计算鸡和兔的脚数，并与总脚数比较，如果相符，就把鸡和兔的数量添加到结果列表中

这是通过 Yocoding 进行图形化编程的参考程序（图 3-3）。

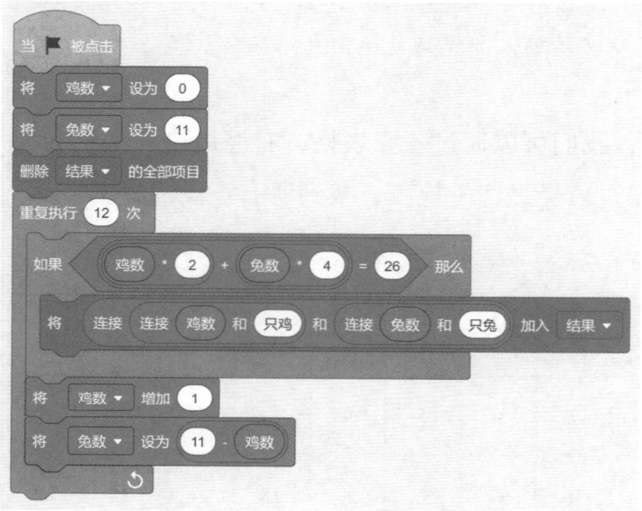

图 3-3 “鸡兔同笼”问题的解题程序

知识拓展

变量和列表

“变量”和“列表”是图形化编程中的基本数据结构，它们的作用不同，但在编程中都起到了极其重要的作用。

变 量

你可以把“变量”想象成家里的一个透明抽屉。这个抽屉一次只能放一样东西，比如现在你放了一辆玩具车在里面。过一会儿，你可能决定拿出玩具车，换成一个布娃娃。当别人想知道这个抽屉里放了什么，只要看一眼这个抽屉，就知道啦！在 Yocoding 中，“变量”就像这个抽屉，可以用来保存一个信息（比如分数或玩家的名字），这个信息可以改变，但是一次只能表示一个信息。

在“鸡兔同笼”问题中，我们无法直接知道笼中鸡和兔的具体数量，而每一次的枚举，鸡和兔的数量都会发生变化，这就需要分别为鸡和兔的数量建立一个变量，在程序求解的过程中方便对它们的数量进行改变和计算，最终得到符合条件的鸡和兔数量的组合（图 3-4）。

列 表

你可以把“列表”想象成一个有很多透明抽屉的柜子。每个抽屉可以放不同的东西，比如第一个抽屉放铅笔，第二个抽屉放橡皮，第三个抽屉放尺子，等等。每个抽屉都有编号，这样就知道每样东西放在哪个抽屉里。在 Yocoding 中，“列表”就像这个有很多编号的透明抽屉的柜子，可以保存一系列信息，每个信息都有一个位置（编号），这样就可以找到或改变某个需要的信息啦（图 3-5）。

在枚举算法中，符合条件的结果可能不止一个，这时我们就可以把所有符合条件的结果分别存储到列表中不同编号的位置中去，方便枚举结束后查看所有符合条件的结果。

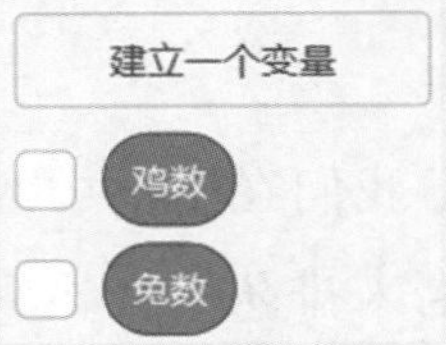

图 3-4 建立变量

图 3-5 建立列表

知识拓展

枚举算法的发展

枚举算法在计算机科学领域扮演着重要角色，主要用于解决各种排列组合问题。这种算法的发展与计算机科学的进步密切相关，可以说早期的计算机科学研究推动了枚举算法的发展。由于其具有直接性和简单性，枚举算法成为当时解决复杂问题的主要工具之一。

随着时间的推移和计算机技术及应用场景的不断扩展，枚举算法得到了广泛的应用和持续的改进，衍生出了多种更高效、更灵活的算法。例如，剪枝算法是枚举算法的一种改进，它通过在搜索过程中应用特定条件来减少搜索空间，从而提高效率。

枚举算法及其衍生算法的发展显著推动了计算机科学的进步，这些算法在多个领域都有着广泛的应用。尽管新的算法不断出现，但枚举算法在某些场合下仍然非常有效，是计算机科学领域不可或缺的一部分。

思考探索

“百钱百鸡”问题

我国古代数学家张丘建在《算经》一书中提出一个数学问题：有 100 文钱，要买 100 只鸡。公鸡 5 文钱 1 只，母鸡 3 文钱 1 只，小鸡 1 文钱 3 只。问公鸡、母鸡、小鸡各几只？

你能通过编程来解决这个问题吗？

3.2 排 序

我们在生活中经常遇到需要进行排序的情况。例如，出操时通常按照身高来排队；在运动会上，裁判员需要对各项比赛的成绩进行排序，以确定冠军、亚军、季军等名次。当我们面对的数据量较小时，可以采用手动排序的方法，即首先选出最大或最小的数据，然后将其他数据与之比较来确定顺序。

但是，当我们请计算机来帮助排序时，情况就有些不同了。与我们人类能迅速并直观地判断和排序不同，计算机处理排序任务时需要遵循特定的步骤和规则。我们可能一眼就能看出一组数字中最大或最小的数，但计算机无法这样直接做到。它需要通过比较数字之间的大小，一步步地确定每个数字的正确位置。

这就是为什么在处理大量数据的排序时，计算机的方法尤为重要。计算机通过运用排序算法，能有效地处理大批量的数据，而这对于人类来说可能既耗时又容易出错。这些算法通过精妙的比较和交换步骤，可以帮助计算机高效且准确地完成排序任务。通过了解这些算法，我们不仅可以学到如何让计算机帮助我们高效地处理复杂的排序问题，还可以对计算机如何思考和解决问题有更深的理解。

3.2.1 模仿计算机排序

让我们来做一个模仿游戏，自己扮演计算机，感受一下它是怎么进行排序的。

思考探索

数字卡牌排序

这里有几张被打乱的数字卡牌，我们的目标是将这些卡牌从左到右，按照数字从小到大的顺序进行排列（图 3-6）。

如果你是计算机，没法一眼看出最大或最小的数是哪个，而且每次只能比较两张卡牌的大小，你会怎么做呢？

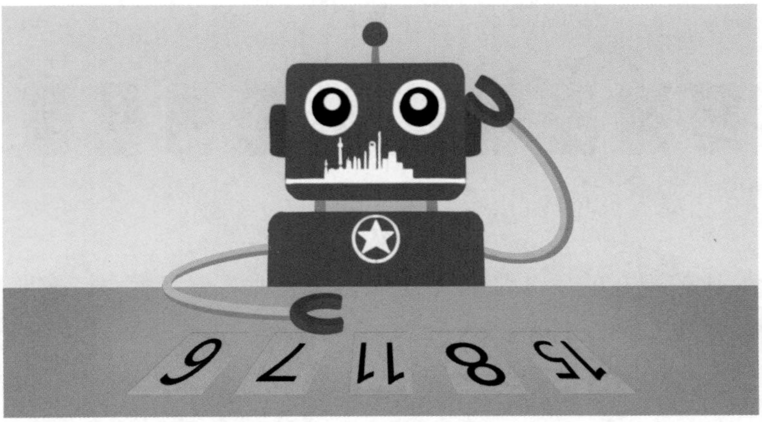

图 3-6　数字卡牌排序

你想到怎么对数字卡牌进行排序了吗？让我们一起来分析和试着解决这个问题。

我们先来尝试第 1 种排序算法，以未排序的 5 张卡牌为例。

首先，我们比较第 5 张卡牌与第 4 张卡牌的数字大小，显然第 5 张卡牌的数字比第 4 张卡牌的小，所以，按照从左到右，数字要从小到大的排列要求，把它们交换一下位置（图 3-7）。

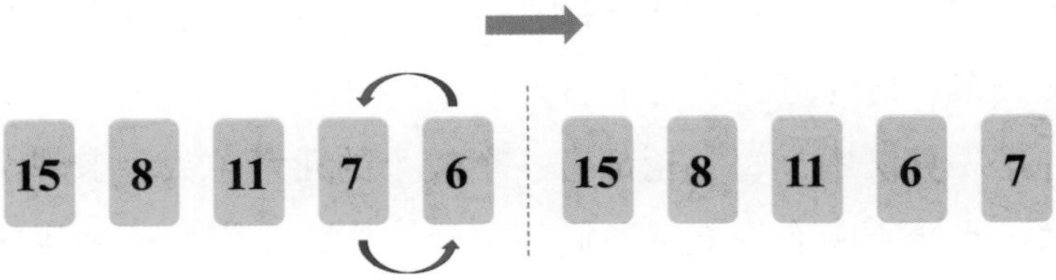

图 3-7　第 1 轮第 1 次比较与交换

接着，让我们比较现在的第 4 张卡牌与第 3 张卡牌的数字大小，发现第 4 张卡牌的数字比第 3 张卡牌的小，所以要把它们交换一下位置（图 3-8）。

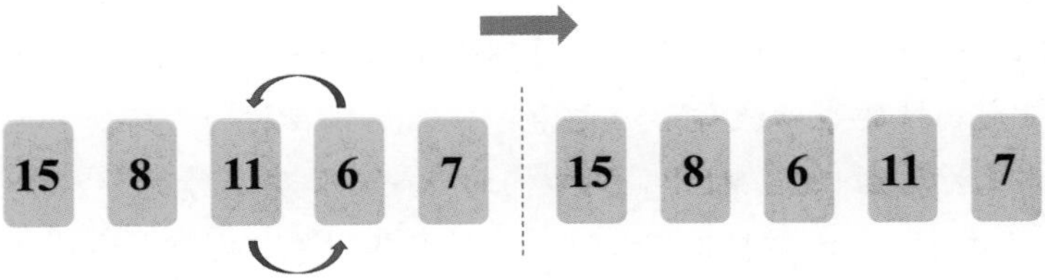

图 3-8　第 1 轮第 2 次比较与交换

然后，让我们比较现在的第 3 张卡牌与第 2 张卡牌的数字大小，按照规则继续交换它们的位置（图 3-9）。

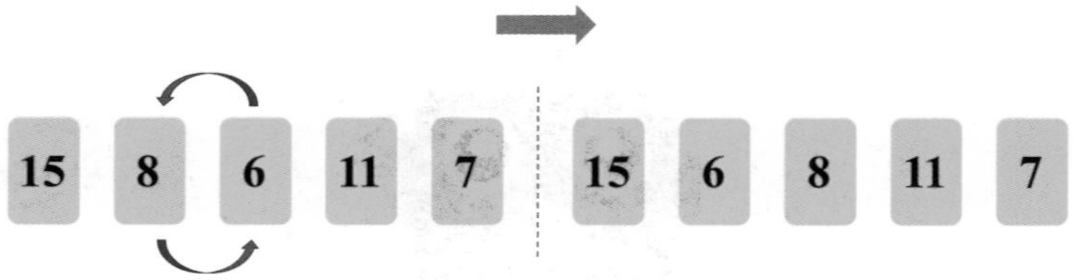

图 3-9 第 1 轮第 3 次比较与交换

最后，比较现在的第 2 张卡牌与第 1 张卡牌的数字大小，按照规则也要交换它们的位置（图 3-10）。

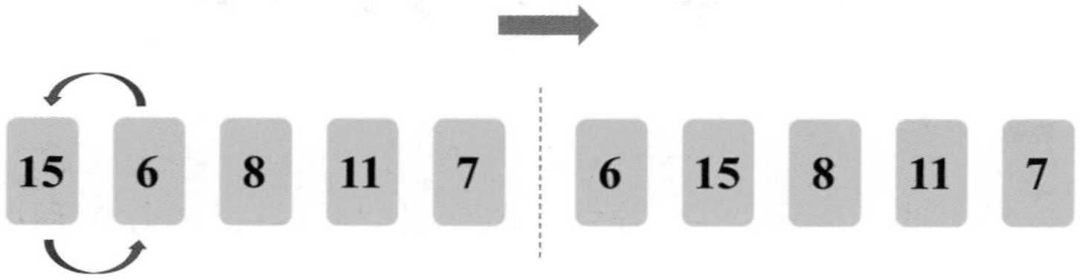

图 3-10 第 1 轮第 4 次比较与交换

细心的你一定发现了，经过上面 4 次比较，牌面数字最小的卡牌被交换到了第 1 位，但这只是第 1 轮，还没有完成其他卡牌的排序。所以，我们需要继续按照上面的策略进行第 2 轮，也就是再次从现在的第 5 张卡牌和第 4张卡牌开始，依次比较相邻两张卡牌的数字大小，如果右边比左边小，就交换它们的位置。这样进行 4 轮，直到完成所有卡牌的排序。

在这种排序算法中，每一轮都有一个较小的元素（数字卡牌）排到了前列，这就像汽水会不断有泡泡从瓶底往上浮一样，我们把这种排序算法称为冒泡排序算法。

知识拓展

元　素

在我们讨论排序算法时，经常会提到一个概念——“元素”。我们可以将一组具有特定属性的事物统称为“元素”。例如，在打扑克牌时，卡牌上的数字就可以被视为元素；在学校中，同学们的身高或体育成绩也可以被视为元素。总的来说，“元素”就是那些我们希望排序的具体对象，无论它们是数字、文字，还是任何其他可比较的数据。

理解了“元素”的概念，有助于我们更好地理解排序算法是如何工作的，无论是在计算机程序中还是在日常生活的应用中。

看到这里，你可能会有这样的疑问：计算机为什么要用上面的方法才能实现排序呢？明明我们可以一眼看出哪张卡牌上的数字最小，直接放到最左边，然后又能一眼看出哪张卡牌上的数字第二小，这样依次从左往右放不就排好序了吗？正如本节开始时所说的那样，其实对于计算机来说，它和我们人类不一样，每次只能比较两张卡牌的大小，并不能一下子找出最大或最小的数字卡牌，所以只能通过这样的方法来进行排序。

不过这也不是唯一的方法，下面让我们再看另一种排序的方法，看看它是怎么做的。我们还是以冒泡排序算法中未排序的那 5 张卡牌为例。

首先，我们假设数字最小卡牌的位置是第 1 张，可以将一个小玩偶放在这张卡牌的面前，用于标记最小卡牌的位置（图 3-11）。

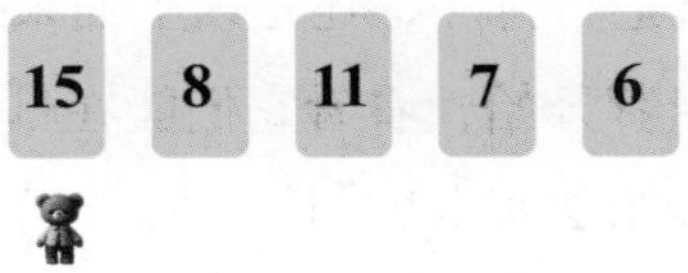

图 3-11　用小熊玩偶标记最小卡牌的位置（第 1 轮）

我们比较第 1 张卡牌与第 2 张卡牌的数字大小，发现第 2 张的数字比第 1 张的小，于是把小熊玩偶放置在第 2 张卡牌的面前。接着比较第 2 张卡牌与第 3 张卡牌的数字大小，发现第 2 张的数字比第 3 张的小，小熊玩偶的位置不变。然后比较第 2 张卡牌与第 4 张卡牌的数字大小，发现第 4 张的数字比第 2 张的小，于是把小熊玩偶放置在第 4 张卡牌的面前。最后比较第 4 张卡牌与第 5 张卡牌的数字大小，发现第 5 张的数字比第 4 张的小，再把小熊玩偶放置在第 5 张卡牌的面前。到这里，我们找到了这 5 张卡牌中数字最小的，也就是第 5 张卡牌。我们将第 1 张卡牌与第 5 张卡牌交换位置（图 3-12），这样，数字最小的卡牌就到最左边的位置了。

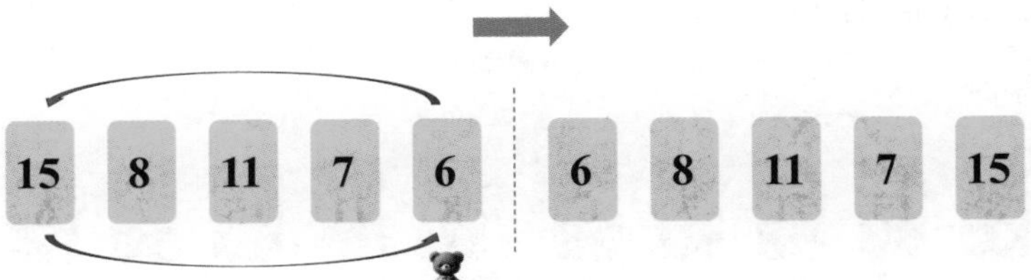

图 3-12　第 1 轮交换后数字最小的卡牌位于最左侧

接下来，我们用同样的方法对数字最小卡牌的右边那 4 张卡牌进行操作。我们不断重复上面的步骤，最终可以得到从左到右、按照数字从小到大排好序的数字卡牌。

我们将整个排序的过程梳理一下，不难发现它的工作原理：第一次从待排序的数据元素中找出最小（或最大）的一个元素，存放在序列的起始位置，然后再从剩余的未排序元素中寻找到最小（或最大）的元素，放到已排序的序列的末尾。以此类推，直到全部待排序的数据元素的个数为零。我们把运用这样的思想进行排序的算法称为选择排序算法。

除了冒泡排序和选择排序，还有没有其他的排序方法呢？假想一下，当班级里来了一位新同学，在体育课上排队的时候，他应该站在哪里呢？站在班级队伍的最后吗？当然不是，应该按照这位新同学的身高，找到班级队伍中适合他的位置，然后“插队”站进去。借用这个思想，我们还有第 3 种方法可以对打乱的数字卡牌进行排序，还是以上面未排序的那 5 张卡牌为例。

这次我们从第 2 张卡牌开始，看看它们能在哪个合适的位置“插队”，从而完成排序。首先比较第 2 张卡牌与第 1 张卡牌的数字大小，发现第 2 张的数字比第 1 张的小，所以第 2 张卡牌应该插在第 1 张卡牌前面（图 3-13）。

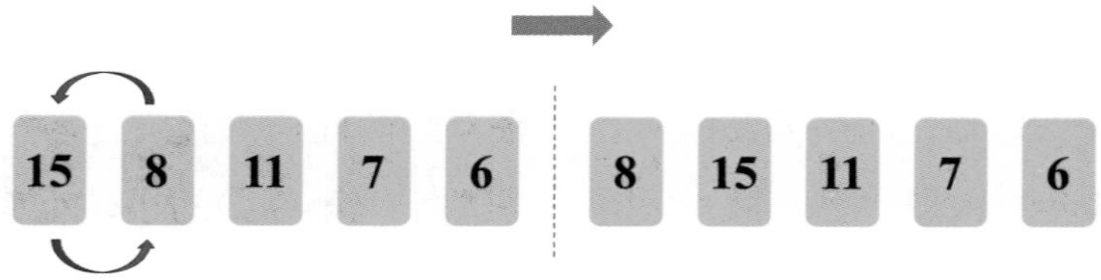

图 3-13 第 1 轮比较后第 2 张卡牌完成“插队”

经过第 1 轮排序后，第 1 张卡牌和第 2 张卡牌已经是有序的了。接着我们看第 3 张卡牌，先将它与第 2 张卡牌比较，发现第 2 张的数字比第 3 张的大，所以我们需要再将它与第 1 张卡牌比较，发现第 1 张的数字比第 3 张的小，一旦找到比自己数字小的卡牌，比较就结束，所以第 3 张卡牌应该“插队”在第 2 张卡牌前（图 3-14）。

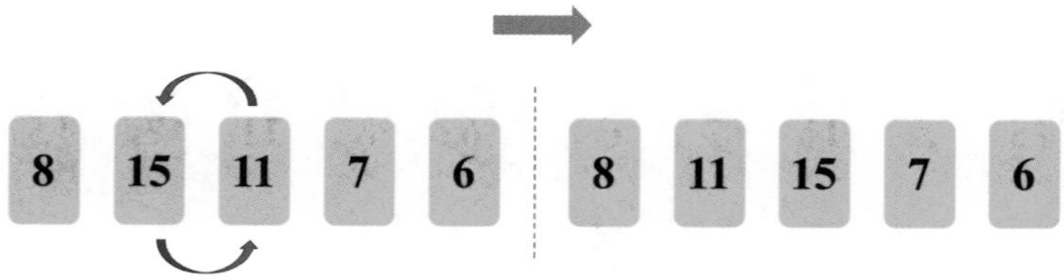

图 3-14 第 2 轮比较后第 3 张卡牌完成“插队”

这样，从左到右，前 3 张卡牌都是有序的了。不断重复上面的步骤，最终可以完成所有卡牌的排序。我们把这样的排序算法称为插入排序算法。

插入排序算法的工作原理就像我们在打扑克牌时抓牌的过程。回想一下，当我们一手拿着一些已经排好序的牌，一手抓新牌的时候，通常是不是会把新抓到的牌与手中的牌进行比较，然后把它插入合适的位置以保持牌的顺序？这个过程正是插入排序算法的核心思想。

在插入排序中，计算机会逐一取出数据元素，将它与已排序的元素进行比较，然后找到合适的位置将其插入。这种方法不断重复，直到所有的元素都被排序。就像我们抓牌时一样，每次插入都是为了确保手中的牌仍然保持着顺序，直到所有的牌都被正确地排序。

3.2.2　三种排序算法

我们回想一下刚才的冒泡排序算法。在第 1 轮中，5 张卡牌总共比较了 4 次，想一想，第 2 轮还需要比较 4 次吗？

聪明的你可能已经发现，由于最小的数字卡牌已经到了第 1 位，于是在第 2 轮中，比较第 1 张卡牌与第 2 张卡牌的大小这一步可以省略，正确的比较次数应该是 3 次。第 2 轮比较的过程如图 3-15—图 3-17 所示。

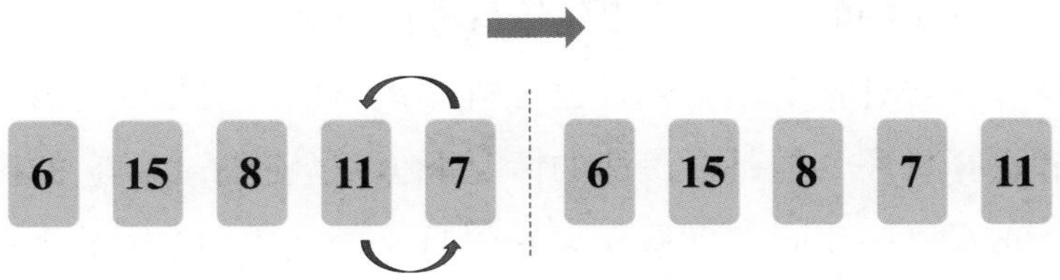

图 3-15　第 2 轮第 1 次比较与交换

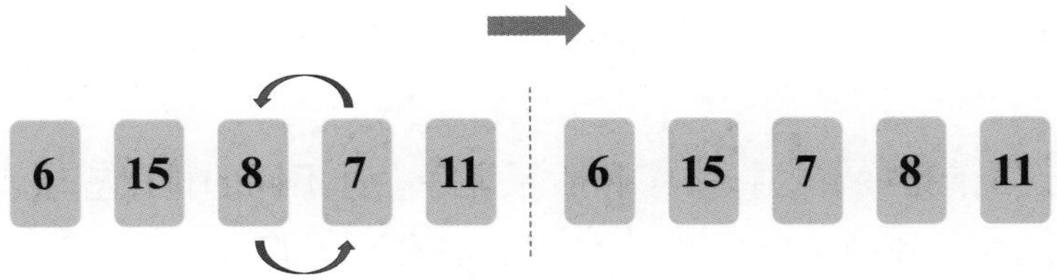

图 3-16　第 2 轮第 2 次比较与交换

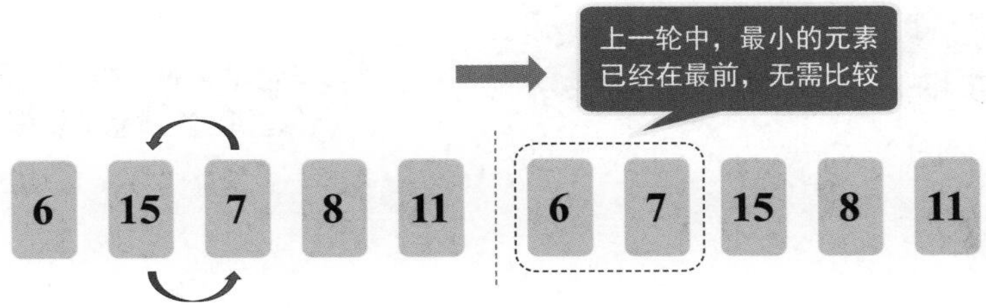

图 3-17　第 2 轮第 3 次比较与交换

于是，我们可以推测，在第 3 轮中，由于第 1、第 2 张数字卡牌已经到了目标位置，因此只需要将后 3 张卡牌进行比较，共需要比较 2 次。然后第 4 轮的比较只需要 1 次。

整个冒泡排序共经历 4 轮，共有 $4+3+2+1=10$ 次比较。

可以随意增减卡牌的数量，进行测试并记录结果，会发现这样一个规律：

假设有 n 张卡牌（或 n 个不同数值的元素），可以将它们视为一个包含 n 个元素的列表。

如果使用冒泡排序，需要进行 $n-1$ 轮比较。每轮比较中的比较次数逐渐减少，从 $n-1$ 次减少到 1 次。因此，总的比较次数为

$$(n-1)+(n-2)+\cdots+1=n\times(n-1)\div 2$$

在这个过程中，相邻元素会根据大小进行交换，最终达到完全排序的状态。

如果使用选择排序或插入排序呢？

你会发现，选择排序的总比较次数与冒泡排序相同，都是

$$(n-1)+(n-2)+\cdots+1=n\times(n-1)\div 2$$

不过，不同于冒泡排序的频繁交换，选择排序在每轮中找到最小或最大的元素，并将其放到正确的位置，所以每轮只进行一次交换。

插入排序在最佳情况下（列表已经排序），比较次数仅为 $n-1$，远少于冒泡排序和选择排序。但是在最坏的情况下（完全逆序），它的比较次数与冒泡排序、选择排序相同，也是 $n\times(n-1)\div 2$。插入排序的优势在于对部分有序的列表更高效。

3.2.3 冒泡排序的编程实现

了解了冒泡排序、选择排序和插入排序三种不同的排序算法，下面我们试着用 Yocoding 软件来编程实现冒泡排序算法。

在开始前，我们需要先创建一个列表“数字卡牌”，在列表中输入一系列数值（即各卡牌上的数字），再创建一个变量 n（图 3-18），用来表示“数字卡牌”列表的项目数（即卡牌的张数）。

图 3-18 设置变量 n 为卡牌的张数

1. 第 1 轮对“数字卡牌”的第 5 项与第 4 项进行比较与交换

如果“数字卡牌”第 5 项的数值小于第 4 项，就交换两者的位置（图 3-19）。

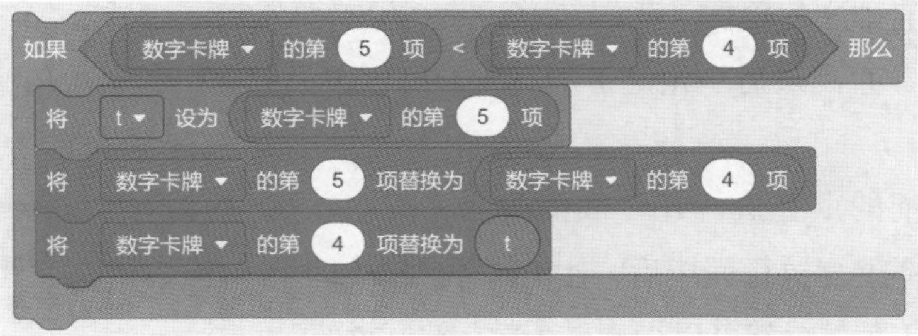

图 3-19　对数字卡牌的第 5 项与第 4 项进行比较与交换

这时需要设置临时存储变量 t，用来临时存放交换时的数据。先将“数字卡牌”第 5 项的数值存放在变量 t 中，再将“数字卡牌”第 5 项的数值替换为第 4 项的数值，最后将“数字卡牌”第 4 项的数值替换为变量 t 中存放的数值，最终完成两者的交换。

2. 程序优化——重复执行第 1 轮所有的比较与交换

接下来还需要进行一系列相邻元素（卡牌的数字）的比较与可能的交换。如果按上面的程序那样继续写，就会显得冗长和烦琐，我们可以设置一个变量 j 来改造上面的程序。

一开始先把变量 j 设置为变量 n，即用变量 j 表示从第 n 项卡牌开始比较，这样每次只需比较第 j 项与第 $j-1$ 项卡牌即可。每次比较与交换完成后，将变量 j 减少 1（即 $j-1$），然后开始下一次比较。根据之前学习的，第 1 轮的所有比较与交换过程需要重复 $n-1$ 次（图 3-20）。

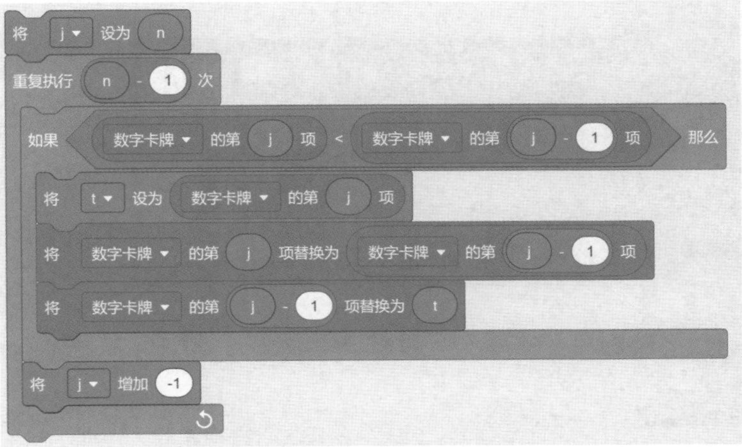

图 3-20　重复执行第 1 轮所有的比较与可能的交换

3．程序完善——重复执行实现所有轮次

现在我们完成了第 1 轮的所有比较，有了上面的改造经验，可以继续实现整个冒泡排序的轮次。我们知道，第 2 轮需要比较 $n-2$ 次，第 3 轮需要比较 $n-3$ 次，直到最后一轮是 1 次。我们可以再设置一个起始数值为 1 的变量 i（图 3-21）。

将之前的重复执行 $n-1$ 次修改成 $n-i$ 次，当一轮全部重复执行完毕后，把变量 i 增加 1（即 $i+1$），这样下一轮就可以少比较 1 次（图 3-22）。

图 3-21　设置变量 i 的起始数值为 1

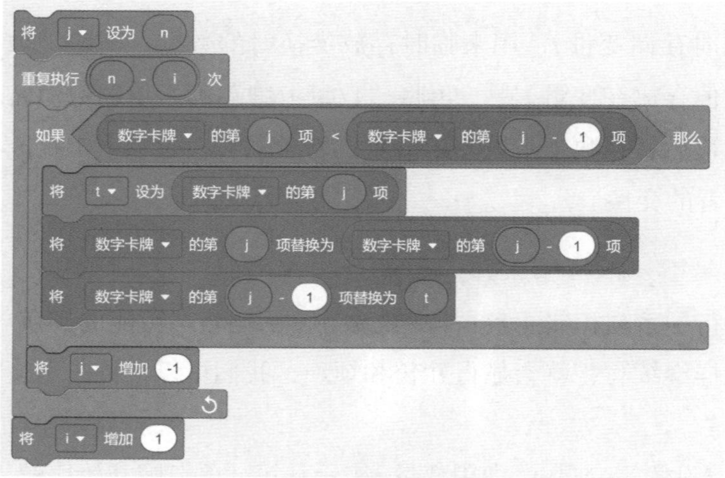

图 3-22　每轮结束后将变量 i 增加 1，下一轮少比较 1 次

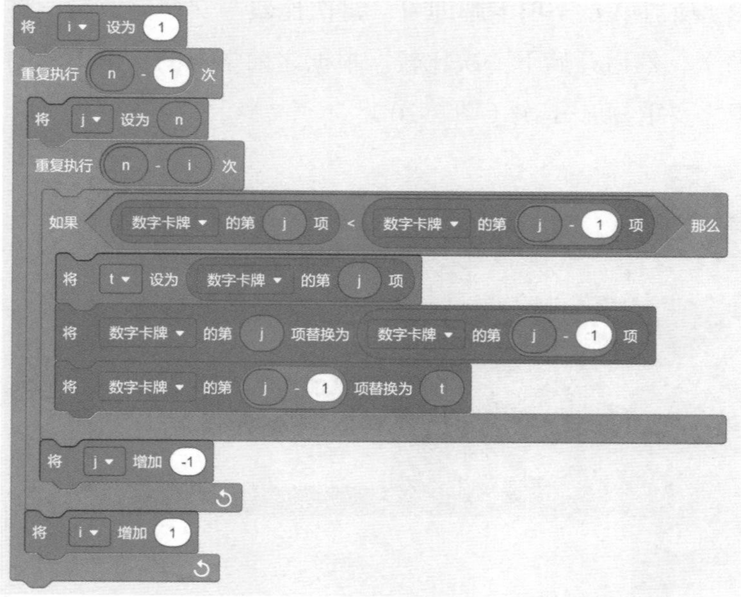

图 3-23　整个排序共进行 $n-1$ 轮，每次开始前将变量 j 重置为 n

因为每轮比较需要从第 n 项卡牌开始，所以在开始比较前，将变量 j 重置为 n，整个排序需要重复执行 $n-1$ 轮（图 3-23）。

图 3-24 所示为冒泡排序算法完整程序的参考。

你可以把更多的卡牌数字添加到“数字卡牌”列表中，然后执行程序进行排序，看看排序的结果是否正确。

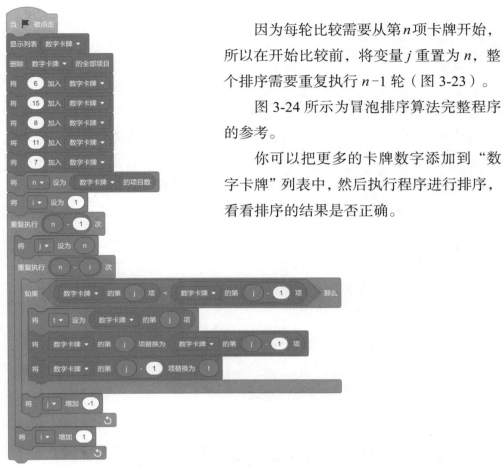

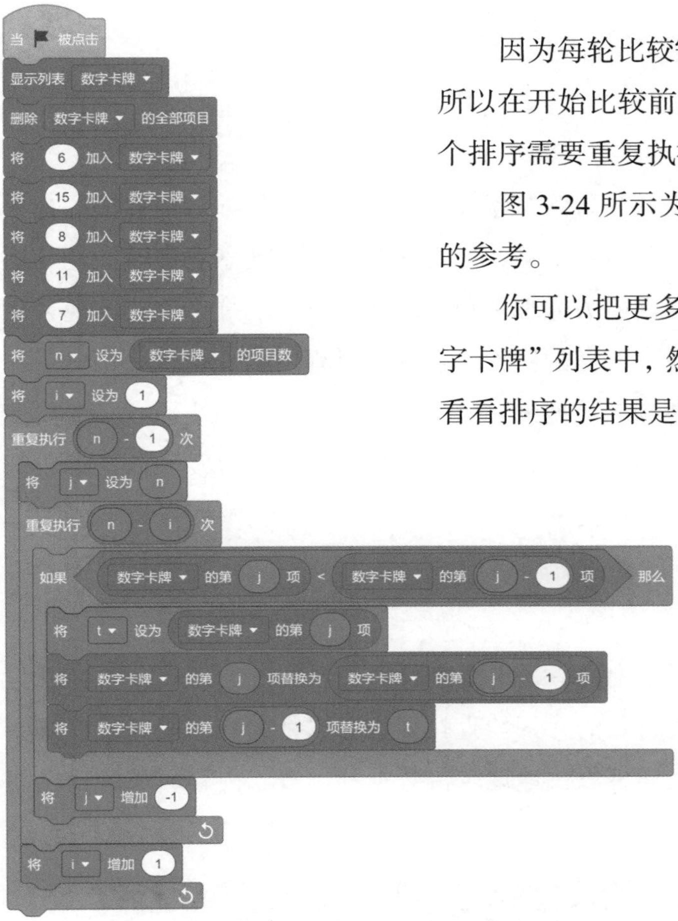

图 3-24　冒泡排序算法的程序示例

思考探索

数字卡牌排序

想一想，如何用编程来实现选择排序和插入排序算法呢？动手试一试！

在学习了冒泡排序、选择排序和插入排序三种排序算法后，你能对它们进行比较，分析各自的优缺点吗？可以从三种排序算法在一般情况下的用时多少、在特殊情况下的用时多少、算法实现的难易程度等方面考虑。

请将你的探索结果填在表 3-4 中。

表 3-4　排序算法的优点和缺点

排序算法	优　点	缺　点
冒泡排序		
选择排序		
插入排序		

3.3 查 找

我们每个人都有好奇心，喜欢探索和发现新事物。例如，当你试图在一个庞大的游戏世界里找到隐藏的宝藏，或者在互联网上搜索答案时，就在运用你的探索能力。这种探索能力体现了我们对物理世界的好奇，还体现为我们如何在信息的海洋中找到所需的信息。在这个过程中，查找算法扮演了关键角色，它就像是我们在庞大数据中寻宝的地图，帮助我们快速准确地找到所需信息。现在，让我们一起来了解查找算法如何工作，以及如何帮助我们在数字世界中满足好奇心和探索欲。

3.3.1 生活中的查找算法

查找算法是计算机科学中的一种重要工具，用于在数据结构（比如数组、链表、树、图等）中找到特定的元素。查找算法可以帮助我们的电子设备变得更聪明和高效，因为它们可以快速地定位数据的位置、内容，或者找出问题的答案（图 3-25）。

图 3-25 生活中的查找算法

在我们的日常生活中，查找算法也无处不在。当需要知道某个火车班次的发车时间时，你可能会使用“铁路 12306”App 来查找时刻表。在图书馆寻找一本喜欢的书时，你会使用书名、作者或 ISBN 等信息来查找。如果要在手机通讯录里找一个人的联系方式，你可以通过他们的名字或电话号码来搜索。上网查资料时，我们经常使用关键词在搜索引擎中找到所需的信息。

查找算法的应用不止于此，它还能帮助我们解决或优化问题，比如规划旅行路线或优化生产流程。在这些情况下，查找算法可以帮助我们找到最佳的解决方案，提高效率、节省成本。

比较常见的查找算法包括线性查找和二分查找。线性查找是逐个检查每个元素，直到找到目标；二分查找则是在已排序的数据中，通过不断地将搜索范围减半来快速定位目标。

3.3.2　线性查找

首先，我们通过一个游戏来体验一下查找算法中的线性查找（图 3-26）。

体验感知

找菜名

游戏情境

小智的餐厅开张了，菜品琳琅满目，令人垂涎欲滴。小能闻讯赶来品尝美食，他想点一道招牌菜。小能说：“听说你对餐厅的招牌菜如数家珍，我心里已经选好一道招牌菜，但我只提示你某个字词，你能猜出我要的这道菜是什么吗？”小智信心满满地回答：“没问题！”

游戏目标

找到小能想吃的那道菜。

游戏材料

12 张菜品卡片，上面写着菜名，分别是红烧带鱼、清蒸鲈鱼、酸菜鱼、红烧牛肉、红烧排骨、红烧狮子头、清蒸排骨、清蒸带鱼、罗宋汤、番茄蛋花汤、牛奶蘑菇汤、干煎带鱼。

5 张提示词卡片，分别是鱼、红烧、清蒸、汤、排骨。

1 张招牌菜菜单，所有菜品均在上面。1 个计时器。

图 3-26　“找菜名”游戏

游戏过程

① 游戏开始前，将菜品卡片打乱顺序正面朝下摆放在桌上。小能从招牌菜菜单中选择一道菜，再从提示词卡片中选择一个菜名中包含的字词作为提示词。

② 开始计时，小智从桌上菜品卡片的第一道菜开始查找，逐个检查每道菜的名称，看是否包含小能所给的提示词。

③ 如果小智找到了一道包含提示词的菜品，他会告诉小能，并询问这是不是小能心中的那道菜。

④ 如果小能确认这就是他想要的菜品，游戏结束，小智成功完成任务。

⑤ 如果小能表示这不是他想要的菜品，小智会继续查找下一道包含提示词的菜品，直到找到正确的菜品为止。

⑥ 当小智找到目标菜品时，停止计时，记录所用时间。

在这个游戏中，小智使用线性查找算法在菜品卡片中寻找包含提示词的菜品，他从桌上的第一张菜品卡片开始，逐个检查每张卡片上的字词，直到找到小能心中想点的菜名。这个游戏的难度取决于目标菜名卡片在桌子上的位置。如果目标菜名在靠前的位置，则小智可以很快找到它；如果正好相反，则游戏需要花费更多的时间。

思考探索

在这个游戏里，会有最快和最慢的情况，请问这两种情况中，小智分别需要检查多少张菜名卡片才能找到小能想点的菜呢？

线性查找是最简单的查找算法之一，也叫作顺序查找，用于在数据集合中查找一个特定的目标元素。线性查找算法的基本原理是从数据集合的第一个元素开始，逐个比较每个元素，直到找到目标元素或遍历整个数据集合，这个过程就像我们在现实生活中逐一查找某件物品。

线性查找算法的一般过程是这样的：

① 从数据集合的第一个元素开始。

② 比较当前元素与目标元素。

③ 如果当前元素恰好是目标元素，返回该元素的位置（或索引）。

④ 如果当前元素不是目标元素，继续检查下一个元素。

⑤ 重复步骤②～④，直到找到目标元素或者遍历整个数据集合。

⑥ 如果在整个数据集合中都没有找到目标元素，返回一个特定的值（通常是 -1），表示目标元素不存在于该数据集合中。

根据前面的游戏场景，如果用 Yocoding 开发一款"找菜名"的游戏程序，该怎么做呢？我们需要使用列表来存储餐厅的招牌菜名称，编写一个线性查找算法的程序，当玩家输入关键词（提示词）后，遍历餐厅招牌菜的名称列表，将包含关键词的菜名使用列表进行展示。

下面我们试着写出使用 Yocoding 来实现"找菜名"程序的思路：

① 创建一个列表"餐厅招牌菜"，用于存储餐厅的招牌菜名称。

② 创建一个列表"查找结果"，用于存储包含关键词的菜名。

③ 使用询问得到的回答，用于存储玩家输入的菜名关键词。

④ 创建一个循环，遍历"餐厅招牌菜"列表中的每个菜名。

⑤ 在循环中，检查当前菜名是否包含关键词。

⑥ 如果当前菜名包含关键词，将其添加到列表"查找结果"中。

⑦ 在循环结束后，显示列表"查找结果"中的菜名。

下面是程序的示例：

可以使用导入文件功能将菜名从文本文件中导入程序列表，并将程序中用到的其他变量进行初始化（图3-27）。

图 3-27　变量、列表初始化的程序

在"找菜名"的主程序中，检查"餐厅招牌菜"列表中的每一个元素，与玩家输入的菜名关键词进行对比，如果菜名符合查找要求，就将它添加到列表"查询结果"中直接展示，直到比较完列表"餐厅招牌菜"中的最后一项（图 3-28）。

为了让程序更好玩，可以在程序运行的过程中，让小智对找到的菜名进行及时地播报，也可以添加更多对话让程序更有趣。在"找菜名"程序中，如果玩家输入的菜名关键词在列表"餐厅招牌菜"中找不到，也要告诉玩家相应的结果（图 3-29）。

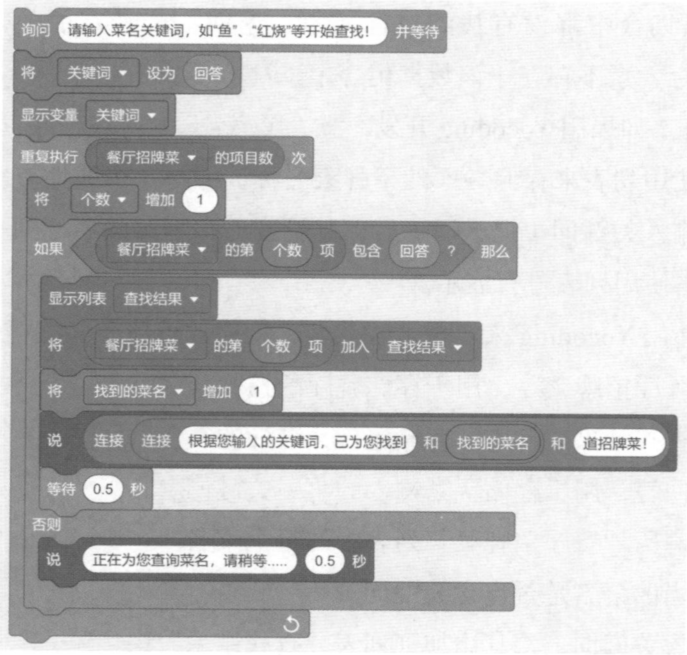

图 3-28 遍历列表“餐厅招牌菜”并显示结果的程序

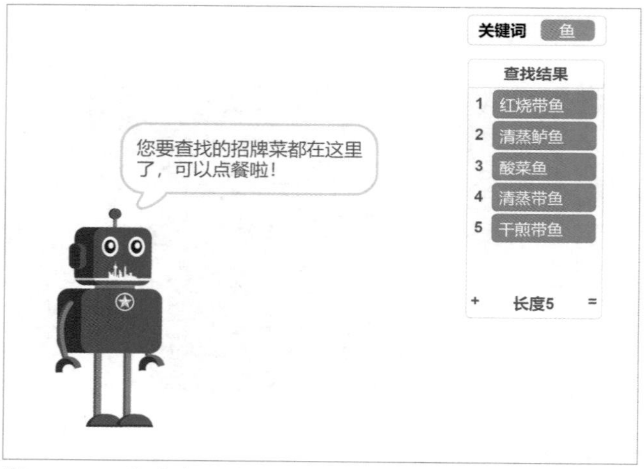

图 3-29 “找菜名”游戏程序运行的结果

线性查找算法就像是在一个长队列里找一个朋友，你需要从头到尾一个一个地看过去，直到找到他。这种方法很简单，因为它不需要队列按照某种特定的顺序排列。但是，如果队列很长，那么这种方法就会显得相当慢，因为你需要逐个查看。所以，尽管线性查找算法很容易理解和实现，但它在处理大量数据时效率并不高。

怎么提高查找效率呢？不妨来玩一玩下面的“寻找宝藏”游戏吧！

3.3.3　二分查找

体验感知

寻找宝藏

游戏情境

在一个神秘的岛屿上，有一位藏宝者将一张珍贵的数字卡牌藏起来了。勇敢的寻宝者们需要通过智慧和策略来猜出这张卡牌上的数字（图3-30），以赢得宝藏！

图3-30　“寻找宝藏”游戏

游戏目标

用最少的尝试次数猜出藏宝者心中的数字。

游戏材料

① 1~100的数字卡牌。

② 骰子（用于决定藏宝者）。

③ 纸和笔（用于记录）。

游戏过程

① 把1~100的数字卡牌按照从小到大的顺序排列，放置在桌上。

② 如果是两人游戏，投骰子决定藏宝者；如果是多人游戏，每人从卡牌中抽选一张，数字最大的为藏宝者。

③ 藏宝者在心里选定一个1~100的数字，将其写在纸上，注意不要让其他玩家看到。

④ 寻宝者轮流猜测卡牌上的数字。每次猜测后，藏宝者需告知猜测结果是“猜大了”“猜小了”，还是“猜对了”。

⑤ 游戏继续，直到寻宝者猜中数字。猜中的寻宝者赢得游戏。

体验感知

如果你想使用线性查找来找数字宝藏，查找速度可不乐观，可能需要猜很多次才能猜中，如果游戏只给你五次猜的机会，想一想，该怎么玩这个游戏？

其实寻宝者猜测数字有一个小技巧，就是每次猜测可以从当前剩余牌的中间位置开始。一共有100张牌，那么第一次猜测应该从50开始。如果猜测正确，游戏结束，猜中的一方获胜。如果猜测错误，根据藏宝者给出的“猜大了”或“猜小了”的提示，寻宝者就可以缩小猜测数字的范围，按照剩余卡牌的中间位置继续进行猜测，直到猜中为止。

这个游戏方法模拟了另一种查找算法进行查找的过程，寻宝者根据提示逐步缩小查找范围，每次猜测都能将查找的范围缩小一半，大大提高了猜测的效率，直到找到数字宝藏。

思考探索

如果游戏中的数字卡牌不按顺序进行排列，还能用这种方法顺利找到宝藏吗？

知识拓展

排序算法与查找算法的关系

排序算法和查找算法是两种不同的算法类型，它们之间有着密切的联系。排序算法帮助我们按照特定规则组织数据，这使得查找过程更加高效。

假设你在寻找一本书，但只记得它的封面是红色的。如果书店将所有书籍随意摆放，找到这本书会非常困难。如果书店按封面颜色将书籍分类，把所有红色封面的书放在一起，你就能更快地找到这本书。在这个例子中，按颜色分类书籍的过程类似排序算法，而寻找特定书籍的过程则类似查找算法。

在上面的“寻找宝藏”游戏中，我们使用的查找算法是二分查找算法，这是一种适用于大型有序数据集的查找算法。二分查找也称为折半查找，基于分治思想，是一种效率非常高的查找方法。它的原理是将有序的数据集分成两半，判断目标元素可能位于哪一半，然后只对该部分继续进行二分查找，这个过程一直重复，直到找到目标元素。

二分查找在实际中应用非常广泛。例如，在电子商务网站上，如果商品类别或列表是有序的，网站可以使用二分查找算法来快速定位商品。同样，当我们需要在有序排列的书籍中找到特定书籍时，二分查找算法能帮助我们快速定位到目标书籍的位置。

二分查找算法的一般过程如下：

① 确保数据集合已经被排序。排序可以是从小到大或从大到小，关键是保持一致性。

② 选择数据集合的中间元素作为参考点。

③ 如果中间元素正好是目标元素，那么返回该元素的位置。

④ 如果中间元素大于目标元素，在数据集合的左半部分继续查找。

⑤ 如果中间元素小于目标元素，在数据集合的右半部分继续查找。

⑥ 重复步骤②～⑤，直到找到目标元素或确定数据集合中不存在该元素。

下面我们根据上面的游戏规则来制作一个“猜数字”游戏程序，我们作为藏宝者，由小能来猜这个数字。

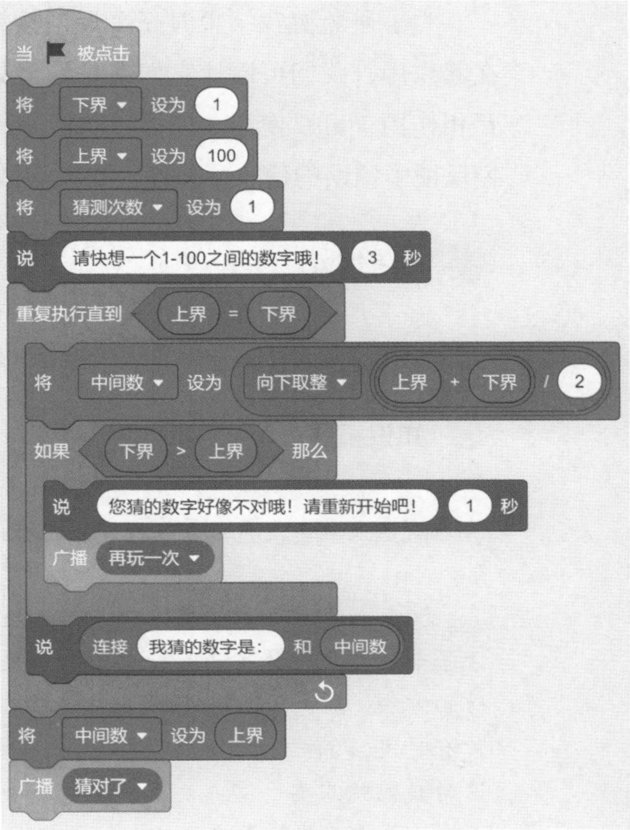

图 3-31　“猜数字”游戏的主程序

我们需要给这个程序设置一些变量，比如查找范围的上下界，以及记录猜测次数的变量。在进行猜测时需要帮助小能计算中间值，同时更新猜测次数。由于在计算中间数时可能出现小数，因此我们必须对中间数取整（图 3-31）。

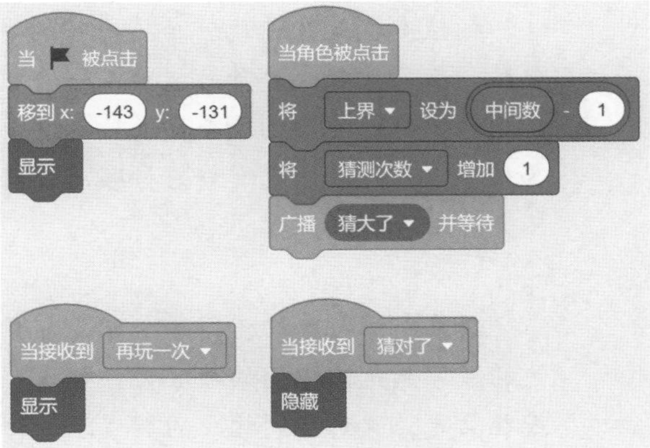

图 3-32　角色“猜大了”按钮的程序

作为藏宝者，要给小能每次猜的数字提供反馈，我们可以创建三个按钮角色：“猜大了”“猜小了”“猜对了”。如果没猜对，就同步更新猜测数字的查找范围。比如，如果猜大了，就更新上界（图 3-32）；如果猜小了，就更新下界；当上下界相等时，表示小能猜中了数字。当然，还有一种可能，就是小智猜数时使用的中间值正好是要猜的数字。猜对后游戏结束，小智会做一个猜数的小结。

为了避免游戏结束时三个反馈按钮（“猜大了”“猜小了”“猜对了”）还在起作用，我们可以让它们在一局猜数游戏结束时隐藏；为了让程序的各个角色互相作用，可以使用“广播”功能来传递游戏过程中的信息；游戏过程中如果玩家反馈了错误的信息，程序也要能够做出判断，然后重新开始游戏。

思考探索

如果要让玩家来设定猜数字的上下界，这个程序该怎么修改呢？

把这个游戏改为让玩家猜小智心中想的数，这个程序又该怎么修改呢？

知识拓展

其他查找算法

除了线性查找和二分查找外，还有许多不同的查找算法。

哈希查找

想象你有一个超级魔法盒子，里面可以放很多东西。每次你要找东西时，魔法盒子会直接告诉你东西放在哪个格子里。这就是哈希查找的神奇之处！它用一种特殊的方法（哈希函数）告诉我们数据放在哪里，就像每个商品都有独特的条形码一样。但有时候，两件东西可能被指向同一个格子（这就像两本不同的书有相同的条形码），这时我们就需要一些办法来解决这个小混乱，比如在格子里再加一个小盒子或者为其中一件东西找一个新格子。

插值查找

插值查找就像是玩一个猜数字的游戏。如果你知道数字是从 1 到 100，并且你要找的数字比较大，你可能会从一个更高的数字开始猜，比如 60 或 70。这样你就能更快找到答案。插值查找在一本按顺序排列的大字典中找一个单词时很有用，但如果字典里的单词没有好好按顺序排列，或者某些字母的单词特别多，这种方法就不太管用了。

二叉树查找

想象一棵特殊的树，每个分叉都有规则：左边的数字总是比中间的数字小，右边的数字总是比中间的数字大。要找一个数字，就从树顶开始，根据这个规则往左或往右走，直到找到你要的数字。这种查找方法适合于经常变化的数字列表，比如一个网站上不断更新的商品价格列表。如果这棵树长得太歪，就不容易快速找到答案了，所以有时候我们需要把树“整理”得更平衡一些。

这些魔法般的查找方法都有它们各自的特点。哈希查找像是一个有秘密格子的魔法盒子；插值查找像是一个聪明的猜数字游戏；二叉树查找像是一棵有规则的特殊的树。它们都在帮助我们更快找到我们想要的东西，但每种方法都有最适合它的情况，就像不同的游戏有不同的规则一样。

3.4 迭　代

迭代在字典里的解释就是更替，不少古文诗赋中也提到过“迭代”，如东汉张衡的《东京赋》中就有“于是春秋改节，四时迭代”。那么在计算机编程中迭代算法又是什么呢?

3.4.1 认识迭代

下面让我们通过一个“小猴吃桃子”的故事来认识一下迭代（图 3-33）。

大家都知道猴子喜欢吃桃子，有一天，一只小猴摘了很多个桃子。由于它太喜欢吃桃子了，在第 1 天就吃了一半，然后又多吃了一个。第 2 天，它又吃了剩下的一半，并又多吃了一个。就这样，小猴每天都吃掉剩下桃子的一半再加一个。到了第 5 天早上，发现只剩下一个桃子了。你能算出小猴第 1 天摘了多少个桃子吗?

图 3-33　小猴吃桃子

这里面隐藏着一个简单的迭代规律：“一半再加一个”。假设第 i 天开始时的桃子数量是 n_i，我们知道第 5 天开始时的桃子数量 n_5 是 1 个。我们可以倒推这个过程，用迭代关系 $n_i = 2\times(n_{i+1} + 1)$ 来计算每一天开始时的桃子数量：

第 4 天的 $n_4 = 2\times(n_5+1) = 2\times(1+1) = 4$ 个

第 3 天的 $n_3 = 2\times(n_4+1) = 2\times(4+1) = 10$ 个

第 2 天的 $n_2 = 2\times(n_3+1) = 2\times(10+1) = 22$ 个

第 1 天的 $n_1 = 2\times(n_2+1) = 2\times(22+1) = 46$ 个

因此，小猴第 1 天摘了 46 个桃子。

这个故事展示了迭代的应用。我们使用了相同的公式 $n_i = 2 \times (n_{i+1} + 1)$ 来反复计算每一天开始时桃子的数量，直到找到第 1 天的数量。这种重复应用相同规则直到达到最终结果的过程，就是迭代算法的思想。

3.4.2 迭代的概念

迭代是算法的一种形式，是计算机处理问题的一种基本方法。迭代的目的是不断逼近并最终达到所需的结果或目标。就像前面“小猴吃桃子”的故事中，每天吃之前的桃子数量是前一天吃剩下的数量，这个不断更新变量值的过程就是迭代。简单来说，迭代就是用变量的旧值，通过一定的关系式递推出新值的过程。计算机在迭代中对一组指令（或一定步骤）进行重复执行，每次执行都会基于变量的原值计算出一个新值。

使用迭代算法解决问题时，需要考虑以下三个要素。

1. 确定迭代变量

迭代算法中首先要确定迭代变量，这类似于一个存储容器，在每次迭代中更新内容。例如，在“小猴吃桃子”的故事中，每天开始时的桃子数量 n_i 就是一个不断变化的量，称为迭代变量（图 3-34）。

图 3-34　迭代变量

2. 建立迭代关系

迭代关系定义了如何从一个迭代步骤的变量值推导到下一个。在“小猴吃桃子”的故事中，每天开始时（吃之前）的桃子数量 n_i 和结束时（吃之后）的桃子数量 n_{i+1} 之间的关系为 $n_i = 2 \times (n_{i+1} + 1)$。这种关系在整个过程中一直有效，形成了迭代关系。找到恰当的迭代关系是解决问题的关键步骤，可以通过分析问题来确定，使用正推或倒推的方法。

3. 控制迭代过程

迭代不能无限进行下去，它需要一个终止条件。这通常可以通过计数或满足某个特定条件来实现，从而控制迭代的结束。

迭代算法的一般过程如下。

① 初始化：设定迭代开始的起始点。比如，在计数问题中，可能从 0 或 1 开始。

② 条件检查：在每次迭代开始前，检查是否满足特定条件。如果满足条件（比如还有更多的数据要处理），则继续迭代；否则的话停止。

③ 执行操作：进行一系列操作或计算。这是迭代的核心，每次迭代都会执行这些操作。

④ 更新状态：在每次迭代的末尾更新变量或状态，为下一次迭代做准备。

⑤ 重复：返回步骤②，继续下一次迭代，直到条件不再满足。

3.4.3　迭代的编程实现

现在我们对迭代有了更多的认识，下面就让我们运用迭代算法，通过编程来实现刚才“小猴吃桃子”问题的解决。

我们试着写出使用 Yocoding 来实现解题的思路：

① 创建两个变量 n_i 和 n_i_plus_1，分别用来记录每天开始时（吃之前）的桃子数量和结束时（吃之后）的桃子数量。

② 设置变量 n_i_plus_1 为 1，因为我们知道在第 5 天时只有一个桃子。

③ 创建循环表示迭代过程，因为我们需要从第 5 天倒推到第 1 天，所以应该循环 4 次。

④ 在循环内部建立迭代关系：

设置 n_i = 2 × (n_i_plus_1 + 1)

设置 n_i_plus_1 = n_i

⑤ 循环结束后，显示解题结果，让角色说出变量 n_i 的值。

程序示例如图 3-35 所示。

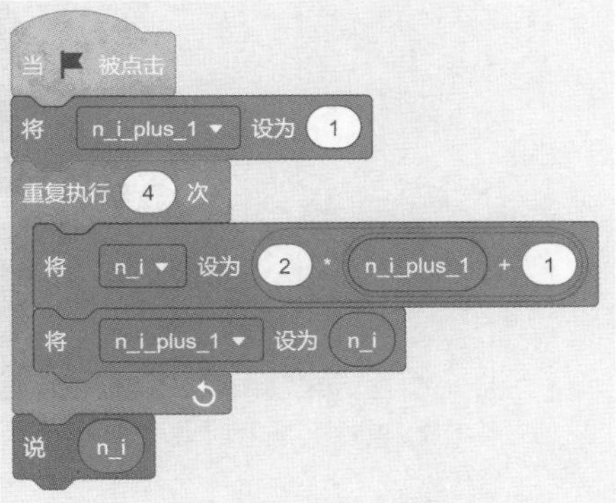

图 3-35　“小猴吃桃子”解题程序

知识拓展

下山问题

迭代思想经常被用来解决一些实际问题，其中“下山问题”就是一个很典型的例子。

假想一下，当你徒步爬山时，如果想要快速安全地到达山脚，是不是要考虑哪条路线最佳？虽然最短的路线理论上是直线距离，但实际的山路并非直线且有各种障碍。这时，山路的坡度和海拔就成为影响选择的重要因素。

在这个过程中，我们主要考虑三个问题：首先是选择哪条下山路线，其次是这条路要走多远，最后是确定何时结束下山，也就是确定“方向”“距离”“终止条件”这三个关键要素。一般来说，到达山脚即为“终止条件”。至于“方向”“距离”，一般会选择坡度较陡的路线，因为较陡的坡度通常意味着距离更短（前提是每条路线都是安全的）。

在物理学中，“梯度”指的是某个量在空间中变化最快的方向。在下山的例子中，梯度指的是坡度变化最大的方向。为了最快到达山脚，我们需要沿着梯度的反方向，也就是坡度最陡峭的方向移动。这个选择过程就类似于梯度下降算法的运作方式，在整个过程中就需要一次次迭代，不断优化路线。

这一下山过程其实就是运用了梯度下降算法。在机器学习中，有两种梯度下降算法，分别为随机梯度下降法和批量梯度下降法。当你交给机器一堆数据，然后告诉它什么样的学习方式是对的，它就可以朝着这个方向去做。用一句话概括，梯度下降算法就是用迭代算法快速找到最低点或者最高点的一种方法。

图 3-36　下山问题

思考探索

你还知道日常生活中有哪些可以用迭代算法来解决的问题呢？请试着说一说。

3.5 递　归

现在我们已经了解了迭代算法，它通过反复执行操作直到达成目标。这种方法很实用，但在编程时还有另一种解决问题的方式——递归算法。递归算法与迭代算法不同，它通过函数调用自身来处理问题。接下来，我们将探索递归算法，看看它是如何在编程中发挥作用的。

3.5.1 认识递归

小智给自己照了张有趣的相片（图 3-37），相片中的小智手里拿着一张相片，这张相片中也是小智手里拿着一张相片，凑近看相片中还是小智手里拿着一张相片，相片中依旧是小智手里拿着一张相片……

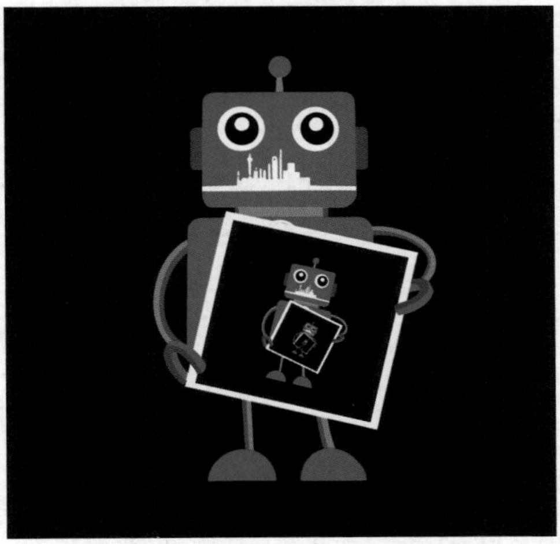

图 3-37　小智的相片

我们发现小智拍摄的相片有个特点：在相片中再次出现同样的相片。在编程中也有类似的方法，当函数在函数体内调用了自己，就像小智在相片中再次出现自己一样。我们把函数在运行时调用自己的情况叫作递归。

知识拓展

函　数

要理解递归，首先需要了解什么是“函数”。在编程中，函数就像是一个具有特定功能的小工具箱。你可以向这个工具箱输入一些条件，它会处理这些输入并给出相应的结果。

例如，让我们看一个计算工程进度的例子。假设小智计划建造一座“太空天梯”，按照工程计划，第 1 天和第 2 天完成的工程进度都是 1 米。从第 3 天开始，每一天完成的工程进度等于前两天进度之和（例如，第 3 天完成 2 米，第 4 天完成 3 米，第 5 天完成 5 米，以此类推）。

我们可以将计算第 n 天的工程进度定义为一个函数，记作 $f(n)$。当你指定 n 为具体的天数时，$f(n)$ 就会计算并告诉你第 n 天的工程进度（图 3-38）。

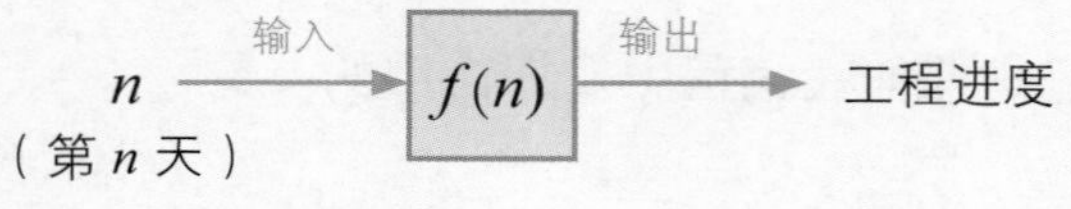

图 3-38 计算工程进度的函数

根据这个定义，第 n 天的工程进度可以表示为 $f(n)$。例如，$f(3)$ 将返回 2 米，$f(4)$ 将返回 3 米，以此类推，如表 3-5 所示。

表 3-5 第 n 天工程进度的函数表达

第 1 天的工程进度	第 2 天的工程进度	第 3 天的工程进度	第 4 天的工程进度	…	第 n 天的工程进度
$f(1)$	$f(2)$	$f(3)$	$f(4)$	…	$f(n)$

这样的函数定义不仅可以清晰地表达工程进度的计算方法，还可以轻松地计算任何一天的工程进度，这正是函数在编程中的强大之处。

3.5.2 递归的过程

我们以计算第 6 天的工程进度 $f(6)$ 为例，根据工程计划，可以将 $f(6)$ 的求解转化为求 $f(5)+f(4)$ 的问题。同样，$f(5)$ 的求解又可以转化为求 $f(4)+f(3)$ 的问题……以此类推，最终将问题简化为求解 $f(2)$ 和 $f(1)$，这两个值都是已知的，分别为 1。

让我们详细地计算一下这个过程：

$$f(3)=f(2)+f(1)=1+1=2$$

$$f(4)=f(3)+f(2)=2+1=3$$

$$f(5)=f(4)+f(3)=3+2=5$$

$$f(6)=f(5)+f(4)=5+3=8$$

在这个过程中，我们发现为了计算 $f(6)$（即第 6 天的工程进度），需要知道 $f(5)$（即第 5 天的工程进度）和 $f(4)$（即第 4 天的工程进度）。这样，每一步的计算都是基于前面步骤的结果，形成了一个递归的结构。

在这种方法中，函数不断地调用自身，每次处理一个更小的问题，直到达到一个简单的情况，可以直接解决。这就是递归算法的核心特征，它通过分而治之的方式来简化问题的解决过程。

可以把上述过程用图 3-39 来表示，它向我们揭示了递归的过程：先分解问题，后合并结果。还可以发现，递归函数在调用自身时并不会无限进行，而是必须有一个明确的终止条件。这个终止条件通常称为基线条件，它确保递归能够在达到某个特定条件时停止，避免了无限嵌套和潜在的程序崩溃。

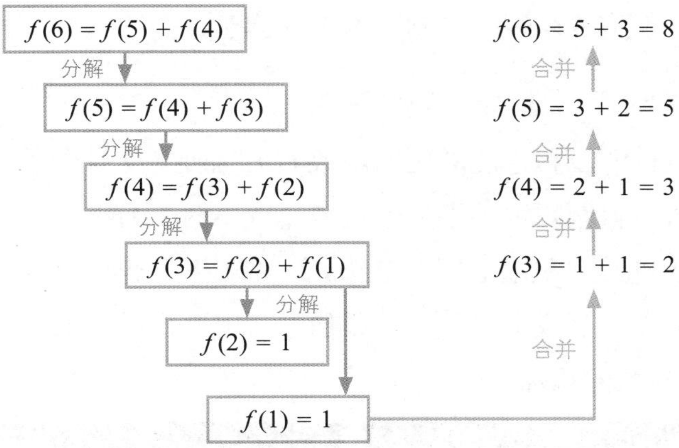

图 3-39　递归的过程：先分解后合并

知识拓展

递归条件和基线条件

递归函数通常会使用分支结构，包含两个部分：递归条件和基线条件。

递归条件：什么时候会调用本身。

基线条件：什么时候停止递归。

以前面计算工程进度问题的函数 $f(n)$ 为例，它的递归条件是：在求解第 n 天的工程进度 $f(n)$ 时，我们会想求解它前面一天的工程进度 $f(n-1)$ 和再前面一天的工程进度 $f(n-2)$。

它的基线条件是：已知第 1 天和第 2 天的工程进度都为 1。

所以，求解这个问题的递归函数可以表示为图 3-40。

$$f(n)=\begin{cases}1, & n=1 \text{ 或 } n=2 \quad \text{基线条件} \\ f(n-1)+f(n-2), & n>2 \quad \text{递归条件}\end{cases}$$

图 3-40　函数的递归条件和基线条件

3.5.3 递归的编程实现

下面我们就在 Yocoding 中使用递归函数，通过编程实现工程进度问题的求解。

1. 函数（自制积木）的创建和命名

在 Yocoding 图形化编程软件中，函数以“自制积木”的形式来实现：在积木区“自制积木”中点击“制作新的积木”按钮，编辑“积木名称”为“求工程进度”，完成函数（自制积木）的创建。

2. 函数（自制积木）的参数的添加

根据定义，计算工程进度问题的函数 $f(n)$ 需要一个输入值：n（天数），可以通过为函数（自制积木）添加参数来实现（图 3-41）。

在“求工程进度”积木上用右键选择“编辑”，再次进入“制作新的积木”窗口，选择“数字或文本”为“添加输入项”（图 3-42），输入参数名称“n”，完成参数的添加。

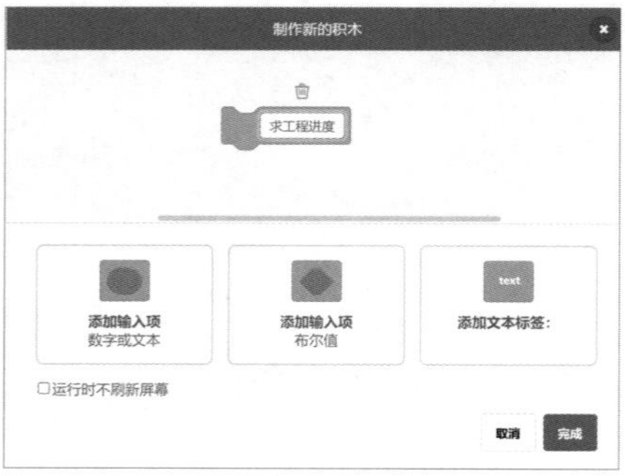

图 3-41 创建函数（自制积木）

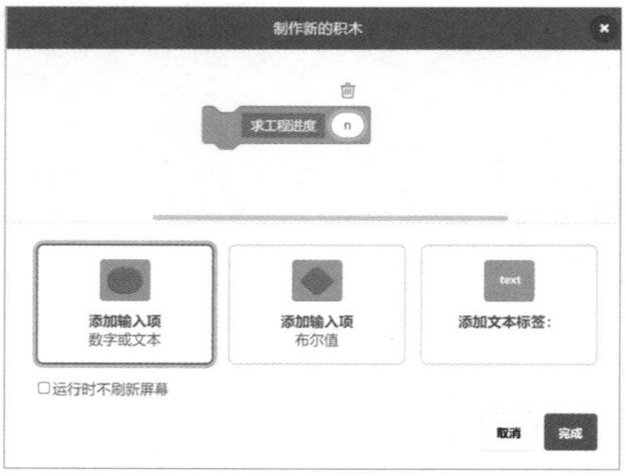

图 3-42 添加函数的参数

3. 函数（自制积木）的递归编程

根据基线条件和递归条件，定义函数体如图 3-43 所示。

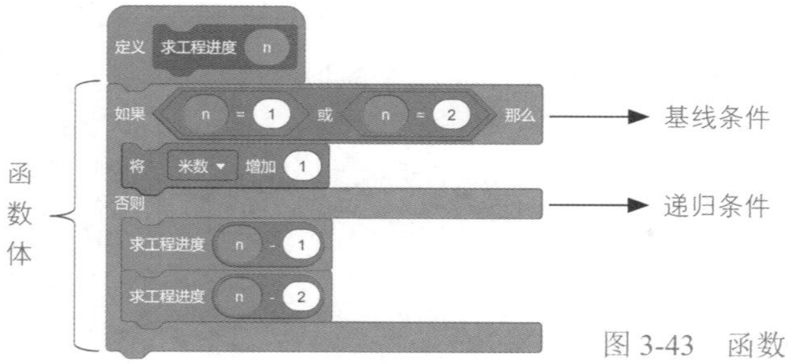

图 3-43 函数体

4. 主程序的编写

这个程序还需要添加记录工程进度天数的变量，以及与用户交互、呈现求解结果的部分（图 3-44）。

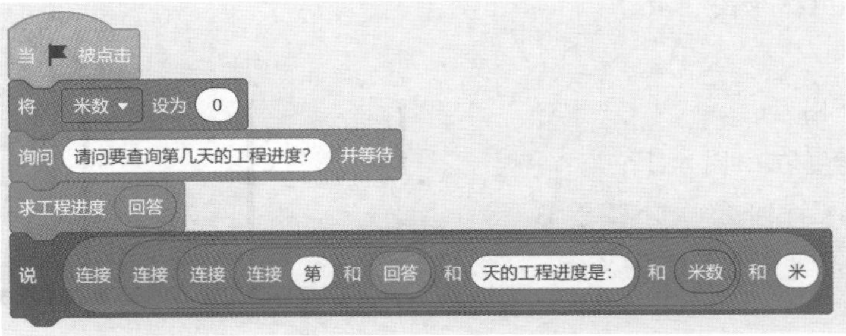

图 3-44　主程序

5. 程序运行效果

点击小红旗后，程序运行效果如图 3-45 所示。

图 3-45　程序运行效果

知识拓展

递归和迭代的比较

递归和迭代的比较如表 3-6 所示。

表 3-6　递归和迭代的比较

算　法	递　归	迭　代
概　念	重复调用函数自身	重复反馈过程
要　素	基线条件、递归条件	迭代变量、迭代关系式、结束条件
优缺点	实现简单、代码可读性好； 函数执行重复太多，效率较低	代码运行效率高；不如递归简洁， 可读性较差，编写复杂问题困难
相同点	都需要重复执行某些代码	

体验感知

汉诺塔游戏

你玩过汉诺塔游戏吗？目标是把所有圆盘从 A 柱移动到 C 柱，可以尝试动手体验一下，寻找移动圆盘的规律（图 3-46）。

游戏规则

① 每次只能移动一个圆盘；

② 移动时大圆盘不能叠在小圆盘上；

③ 移动过程中，可以将圆盘临时置于 B 柱上，也可将从 A 柱移出的圆盘重新移回 A 柱。

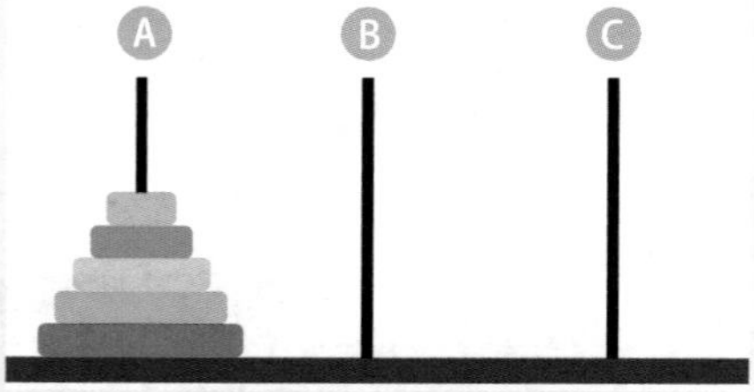

图 3-46　汉诺塔游戏

探寻规律

这个看起来很复杂的问题，利用递归算法可以很便捷地解决（图 3-47）。假设 A，B，C 三根柱子分别代表起始位置、过渡位置、目标位置，移动 n 层汉诺塔，可以将移动过程分为三步：

① 将除最底层外的 ________ 层圆盘从 ________ 移动到 ________；

② 将 ________ 层圆盘从 ________ 移动到 ________；

③ 将 ________ 层圆盘从 ________ 移动到 ________。

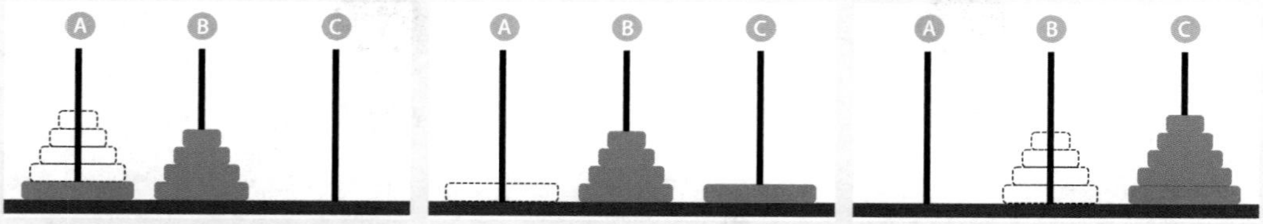

图 3-47　汉诺塔游戏规律

编写程序

尝试通过编写递归函数，实现对汉诺塔移动步骤的求解和记录。

思考探索

谢尔宾斯基三角

谢尔宾斯基三角是一种分形几何图形，由波兰数学家谢尔宾斯基在 1915 年提出。请观察这种图形，寻找其中的规律，并尝试通过递归函数绘制出规模为 5 的谢尔宾斯基三角（图 3-48）。

图 3-48　规模为 5 的谢尔宾斯基三角

第 4 章　挑战项目

导　言

在前一章中，我们探索了枚举、排序、迭代等基本的编程算法。现在，我们即将进入激动人心的人工智能和机器学习的世界。要知道，机器学习算法犹如繁星般众多而闪耀，其中的一些先进算法正在推动当今人工智能领域的快速发展。但对于我们来说，可能需要先从一些经典算法着手学习，例如 KNN 分类算法、K-Means 聚类算法，以及 Q-Learning 强化学习算法。这样不仅能够帮助我们更好地认知人工智能的奥秘，而且可以为将来深入学习更先进的算法打下坚实基础。这就像建造一座大楼，需要先从坚实的地基开始。

我们将通过有趣的不插电小游戏，以一种生动和直观的方式了解这些机器学习经典算法的基本原理。同时，将使用图形化编程的方式来实现这些算法，使得它们的抽象概念变得具体和容易理解。你会发现，之前学习的那些基本的编程算法在这个过程中将再次发挥作用，帮助构建和理解更复杂的机器学习模型。

让我们一起踏上这段充满奇妙和挑战的学习之旅吧！

4.1 KNN 算法

我们要认识的第一种机器学习算法叫 KNN 算法，这是一个典型的监督学习算法。监督学习的关键在于使用已经标记好的数据来进行学习，在这个过程中，我们提供给计算机的每个数据都有一个明确的标签。计算机通过分析这些带标签的数据来学习，从而能够识别新的、未标记的数据，并预测它们的标签。在监督学习中，这种明确的标签指导着计算机学习的过程，就像是给学习路径提供了清晰的方向标识。

4.1.1 认识 KNN 算法

KNN 算法虽然名字里有“NN”，但是它和神经网络（Neural Network）没什么关系，它的全称是 K-Nearest Neighbors algorithm，顾名思义就是 K 个最近的邻居，中文称为 K 最近邻算法（图 4-1）。

KNN 的 NN
不是神经网络，
是最近的邻居 。

图 4-1 KNN 中的 NN

在给出 KNN 算法的含义前，我们先通过一个不插电小游戏来直观感受一下这个算法。

体验感知

小能的新房子该刷成什么颜色?

游戏情境

小能在街区中盖了一所新房子，按照要求，需要把房子的外墙刷成和附近其他房子一样的颜色。于是他在新房子附近逛了逛，记录了附近房子的位置信息，并制作成小卡片（图 4-2），括号中“1”表示这所绿房子在第 1 列，“3”表示这所房子在第 3 排。

附近一共有绿房子 7 所，蓝房子 7 所，小能的房子目前是白色的（图 4-3）。

游戏目标

确定小能的新房子应该刷成什么颜色（图 4-4）。

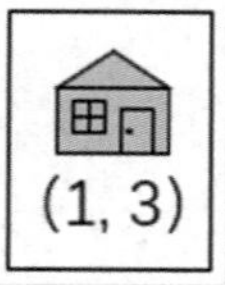

图 4-2 房子小卡片

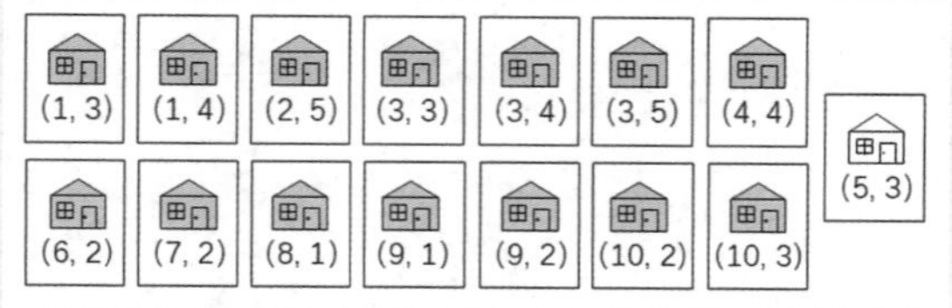

图 4-3 附近房子和新房子的小卡片

图 4-4　新房子该刷成什么颜色

先不要急着往下看，如果你是小能，接下来会怎么做呢？

游戏过程

这里给出小智的解决方案，看看你的想法是不是和他一样呢？

第 1 步：根据记录的房子位置信息，画一张地图，并把这些房子都在这个空间里标注出来（图 4-5）。

第 2 步：计算小能的新房子到其他房子的距离，这里使用曼哈顿距离。例如新房子到位置（4，4）的这所绿色房子的距离就是 2（图 4-6）。

按照这个方法，在地图上用红色数字标识出新房子到所有房子的距离（图 4-7）。

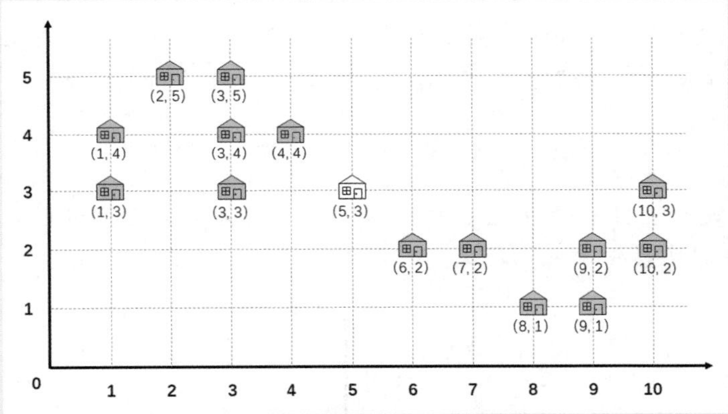

图 4-5　房子所在位置的地图

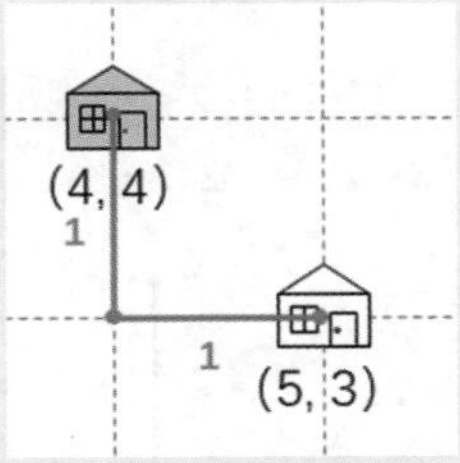

图 4-6　房子间的距离

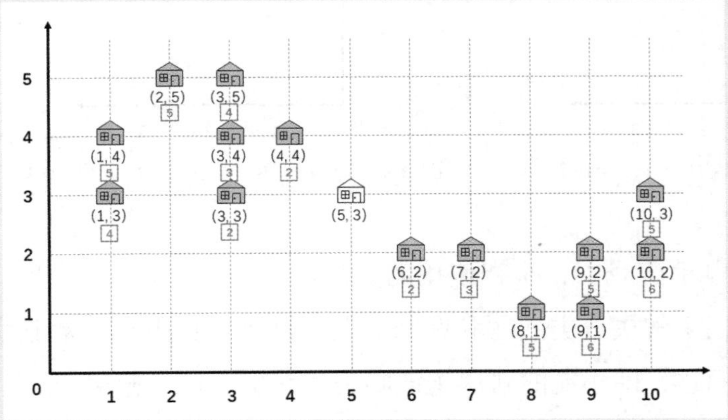

图 4-7　新房子到所有房子的距离

第 3 步：根据新房子到所有房子的距离，找出距离最近的 3 所房子，分别是：位置（3，3）的绿房子，距离为 2；位置（4，4）的绿房子，距离为 2；位置（6，2）的蓝房子，距离为 2。根据少数服从多数的原则，距离新房子最近的 3 所房子中有 2 所是绿色的，所以得出结论：小能的新房子应该刷成绿色！

知识拓展

曼哈顿距离和欧几里得距离

曼哈顿距离和欧几里得距离是数学中常见的两种计算距离的方法。

曼哈顿距离也叫城市街区距离。简单来说，就是从一个点到另一个点只能沿水平或垂直方向进行移动的距离和。可以想象一下在街道上走路，你不能直接穿过街区，而是必须沿着横向或纵向的马路来走，用数学语言来表达，就是两个点的横坐标之差的绝对值加上纵坐标之差的绝对值，计算公式为

$$d_{\text{Manhattan}}(A,B)=|x_1-x_2|+|y_1-y_2|$$

例如在图 4-8 中，蓝色点 A 的坐标 x_1=1，y_1=2；绿色点 B 的坐标 x_2=2，y_2=1。点 A 和 B 之间的曼哈顿距离就是 1+1=2，你会发现无论沿着黄色还是橙色的路线走，两点间的曼哈顿距离是一样的。

欧几里得距离也叫欧氏距离。简单来说，就是从一个点到另一个点的直线距离，用数学语言来表达，就是两个点的横坐标之差与纵坐标之差的平方和的开方，计算公式为

$$d_{\text{Euclidean}}(A,B)=\sqrt{(x_1-x_2)^2+(y_1-y_2)^2}$$

例如在图 4-9 中，蓝色点 A 和绿色点 B 的坐标不变。点 A 和 B 之间的欧几里得距离就是 $\sqrt{2}$，也就是红色的路线距离。

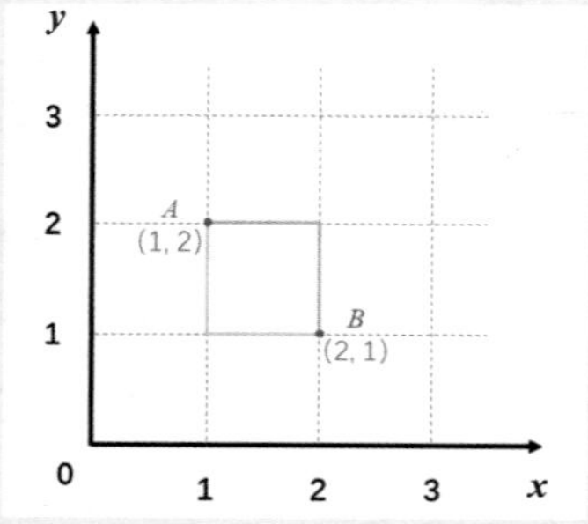

图 4-8　点 A 和 B 之间的曼哈顿距离

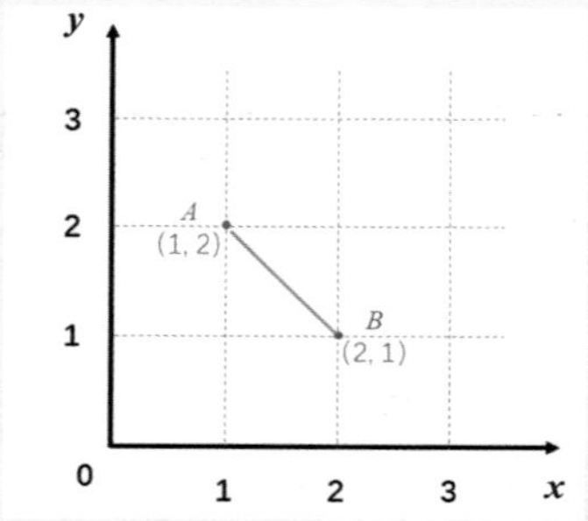

图 4-9　点 A 和 B 之间的欧几里得距离

在这个不插电小游戏中，小智使用的方法就是 KNN 算法，它是一种监督学习算法，常用来解决分类问题和回归问题。这个不插电小游戏其实可以理解成一种分类问题，即小能的新房子该归类为绿房子还是蓝房子。

一般来说，KNN 算法的含义是这样的：给定一个训练数据集和一个未知数据点，KNN 算法通过计算未知数据点与训练数据集中所有数据点之间的距离（通常使用曼哈顿距离或欧几里得距离），找到训练数据集中距离该未知数据点最近的 K 个数据点，并根据这 K 个数据点的类别标签来预测该未知数据点的类别标签或连续值。

在不插电小游戏中，训练数据集中的数据点就是附近房子的坐标，其颜色是已知的，或者说是已经打好标签的；未知数据点就是小能的新房子，其颜色是未知的。通过计算小能的新房子到所有附近房子的距离，找到附近房子中距离小能新房子最近的 3 所房子。最后，根据这 3 所房子的颜色，即它们的类别标签，预测小能新房子的颜色应该是绿色，即给予绿色的标签分类。

需要指出的是，在 KNN 算法中，*K* 是一个预先定义的超参数，它的取值非常敏感，对分类结果会产生很大的影响。为了取到比较合适的值，在实际使用中通常需要使用交叉验证等技术来确定，有兴趣的话可以再自己探索一番哦！

4.1.2　KNN 的编程实现

我们了解了什么是 KNN 算法，那么在我们身边有哪些地方用到了它呢？下面我们举一个用计算机识别手写字母的例子，并试着用图形化编程来实现。不过在开始编程前，我们还需要补充一些相关的知识。

1. 计算机对手写字母的识别

大家都知道，现在计算机不仅可以识别出书上、图片上工整的印刷字体，甚至可以识别出人们手写的文字。你可能觉得这也没什么呀，有什么神奇的地方吗？为了说明这个问题，我们用手写的英文小写字母来进行说明（图 4-10）。

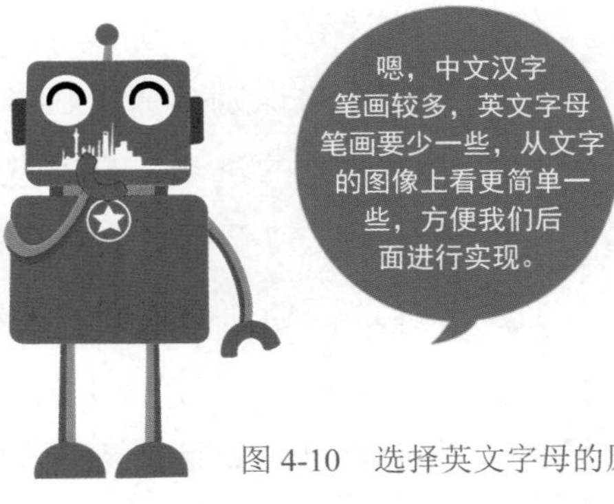

图 4-10　选择英文字母的原因

虽然英文字体种类繁多，但数量还是有限的，我们只要把各种字体的英文字母图像都输入计算机，在识别时进行搜索匹配，就可以得到较为准确的识别结果。但手写的文字形态万千，每个人的笔迹几乎都是不同的。如图 4-11 所示，这些都是手写的小写字母 a，从图像上看，却有着很大的不同。

图 4-11　手写的小写字母 a

正因为这样的不同，对于手写文字的图像来说，就没有办法穷尽所有的可能性。显然，如果我们再想用枚举这样的方法对手写文字图像进行搜索匹配，就不可行了。那该怎么办呢？

这时我们的 KNN 算法就可以派上用处啦！根据 KNN 算法的要求，我们可以这样来做：

首先，需要一个训练数据集，在这里就是尽可能多地输入各种各样手写的英文字母图像。

其次，比较待识别的英文字母图像与所有已输入英文字母图像之间的距离。

再次，找到已输入的所有英文字母图像中与待识别的英文字母图像距离最近的 K 个图像。

最后，根据这 K 个图像的英文字母是什么，来预测待识别的英文字母可能是什么。

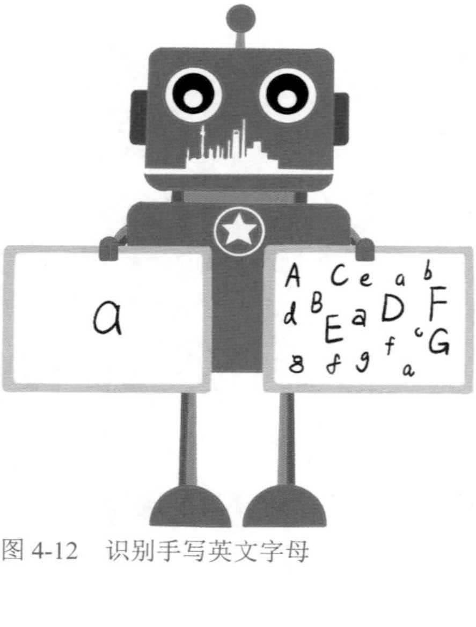

图 4-12　识别手写英文字母

人们通过实验证明，使用 KNN 算法帮助计算机识别手写文字，可以取得比之前更好的识别效果（图 4-12）。当然随着科学技术的进步，现在已经有更多更好的办法来实现手写文字的准确识别啦。

回到前面我们说的使用 KNN 算法识别手写英文字母的过程，大家有没有这样一个疑问，就是待识别的英文字母图像与已输入的英文字母图像之间的距离怎么比较呢？图像和图像之间的距离是什么？又该怎么计算呢？

2. 计算机对图像之间距离的计算

要回答前面的这个问题，首先需要了解计算机中的图像是怎么存储的。正如《走进人工智能》第 4 章“声音的数字化”中所说的那样，计算机中处理的信息都采用二进制的 0 和 1 来表示，声音信息是这样，图像信息也不例外。计算机存储图像的过程就是图像的数字化过程，也需要经历采样、量化等步骤，图像在这个过程中会被像素化。

如图 4-13 所示，这是一个手写字母 a 的图像。如果我们用放大镜看这个图像，你会发现它其实是图 4-14 这样的，每一个小格子就代表着一个像素点。计算机会记录每个像素点的坐标信息和颜色信息，也就是什么位置上是什么颜色，由此构成一幅图像的数字化存储信息。

现在手机、摄像机的拍摄精度都很高，一张普通彩色照片都有几百万像素，每个像素再记录它的坐标和颜色等信息，这样一张照片在计算机上的存储大小可能就有十几到几十兆字节（MB）。如图 4-15 所示，这张彩色照片的原始图像是 3 000 × 2 000 像素，存储大小约为 17 MB。

对观看照片的人来说，图像越清晰越好。如果要把这样的图像信息直接用来进行图像分类、目标检测等计算机视觉处理，可能就会有问题，因为这些处理都需要在图像数字化的基础上再进行较为复杂的计算，对当前大部分的计算机来说，可能就会有些力不从心了。所以，我们在进行图像分类等操作前，往往都会对图像信息进行预处理。

图 4-13　手写字母 a

图 4-14　放大镜下的手写字母 a

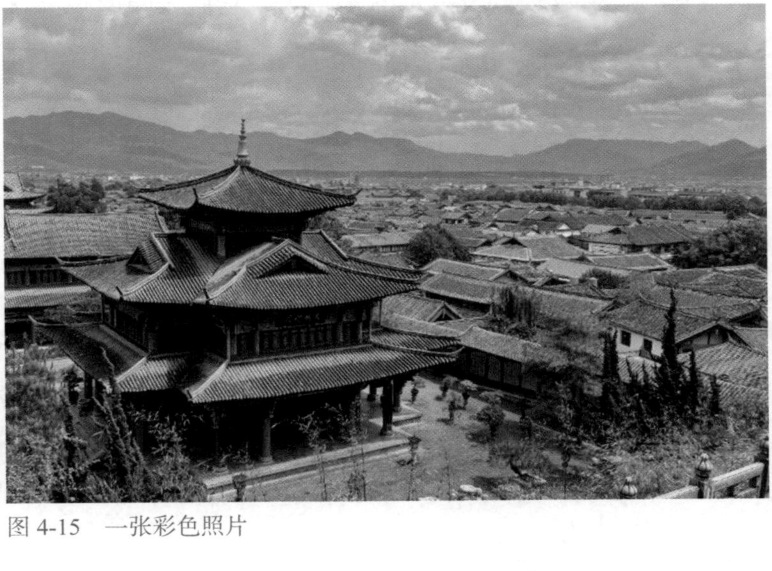

图 4-15　一张彩色照片

常用的图像预处理方法有裁剪、缩放、灰度化、二值化等。具体来说，裁剪和缩放是为了让图像大小和比例适合于特定的应用场景，如图像分类、目标检测等。灰度化是为了降低图像的复杂度，使图像的数字化信息更加简单明了，每个像素点不再需要记录彩色的 RGB 三个通道的数值，而仅需要记录灰色的亮度这样一个数值（图 4-16）。二值化则是把图像的灰度值转换为二进制数值，即把图像转换为只包含黑色和白色两种像素的二值图像，在计算机上就可以用 1 表示黑色像素，用 0 表示白色像素，从而连续记录下来，完成一个图像的数字化预处理（图 4-17）。

现在我们知道了图像在计算机中可以变成由 1 和 0 来表示黑白像素的二进制数值，这就为计算图像和图像之间的距离提供了数学基础。

图 4-16　灰度化图像

图 4-17　二值化图像

我们先以两个只有 1 个像素的图像为例（图 4-18），图像 A 可以表示为 0，图像 B 可以表示为 1，那么这两个图像之间的距离是多少呢？我们可以在一条数轴上表示（图 4-19），它们之间的距离就是 1，也可以理解成这两个图像之间的差异为 1。

图 4-18　只有 1 个像素的图像

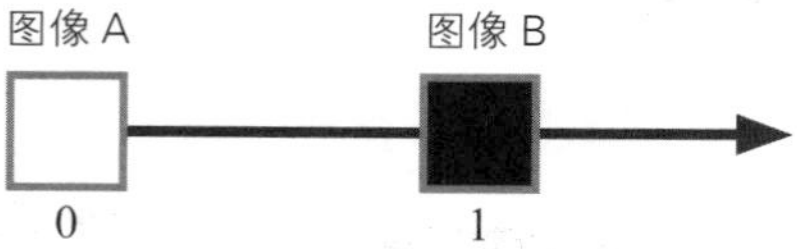

图 4-19　图像 A 与 B 之间的距离

我们再以只有 2 个像素的图像为例，如图 4-20 所示，总共有 4 种图像。图像 C 可以表示为二进制数值 00，即白色像素 0 和白色像素 0；图像 D 可以表示为 01，即白色像素 0 和黑色像素 1；图像 E 可以表示为 10；图像 F 可以表示为 11。那么，这些图像之间的距离又是多少呢？

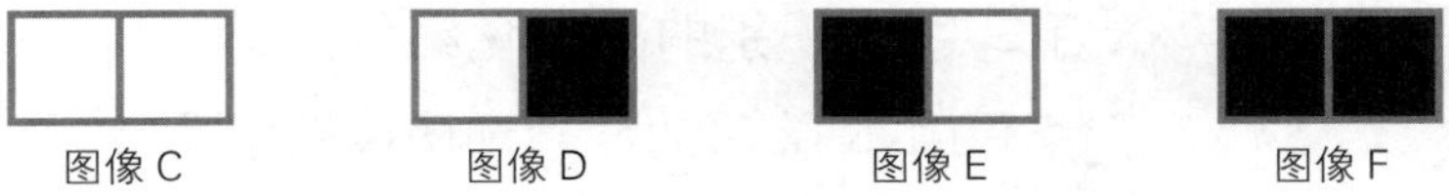

图 4-20　只有 2 个像素的图像

我们可以画两条数轴（图 4-21），按照数轴上 0 和 1 的位置，分别根据图像 C，D，E，F 的二进制数值，把它们在坐标系中标示出来。这样就可以清晰地看到它们之间的距离关系了。比如图像 C 和图像 D 之间的距离是 1，图像 C 和图像 F 之间的距离是 2，在这里我们还是使用曼哈顿距离进行计算。仔细观察这张图我们可以发现，距离为 1 的两个图像其实就是两者之间的差异为 1，也可以理解成两个像素中有 1 个不一样；距离为 2 的两个图像其实就是两者之间的差异为 2，也就是 2 个像素都不一样。

如果有一个新的图像 G，也是由 2 个像素构成，2 个像素都是白色的（图 4-22），那么这个图像 G 和图像 C 之间的距离是多少呢？没错，距离应该是 0，也就是两个图像没有差异！

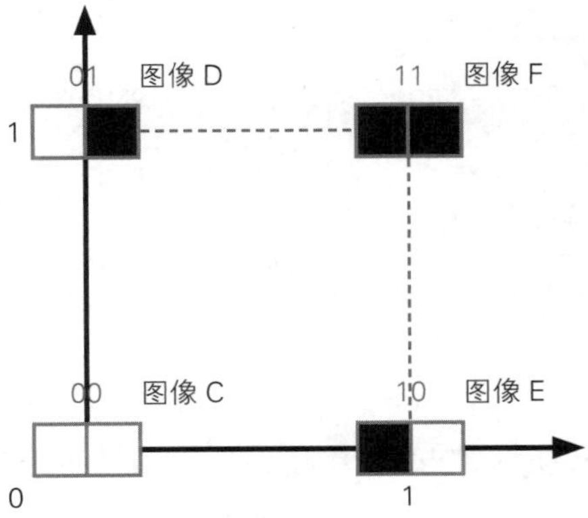

图 4-21　图像 C，D，E，F 间的距离

图 4-22　2 个像素都是白色的图像

现在我们知道计算机是怎么计算图像之间的距离了吧！简单来说，就是逐一比较两个图像二值化后的数值，看看有多少不一样的地方，就把它们之间的距离记作多少。

在这里需要说明的是，在实际应用中，常用的图像之间距离计算方法是基于图像的特征表示，而不是直接比较图像的原始像素值，其过程也比上面说的复杂得多，这里为了方便大家理解，做了一定程度的简化。

图 4-23 准备做一个“手写字母识别”程序

3. 手写字母识别的图形化编程实现

了解了 KNN 算法的原理和图像数字化及比较的基本方法，接下来我们用 Yocoding 图形化编程软件来做一个可以识别手写字母的程序吧（图 4-23）！

打开本书配套资源包，找到第 4 章中的“手写字母识别程序（初始化）.syc”文件，可以看到初始化的舞台画面、角色列表和背景列表（图 4-24—图 4-26）。

图 4-24 “手写字母识别”程序的舞台画面

图 4-26 “手写字母识别”程序的背景列表

图 4-25 “手写字母识别”程序的角色列表

在这个程序中，有两种模式，分别是“学习模式”和“分类模式”。在“学习模式”中，我们可以在手写识别区每次手写一个英文字母，由程序完成扫描，再输入该字母的标签，重复多次后形成手写字母的训练数据集（图 4-27）。在“分类模式”中，我们可以在手写识别区再次手写一个英文字母，由程序完成扫描后，通过计算分类，由角色小能说出该手写字母的识别结果（图 4-28）。在计算分类的过程中使用 KNN 算法，通过拉动滑竿，可以改变 K 的取值。

要实现以上这些功能，需要在程序中分别完成两种模式的不同工作任务，并可以进行切换。在“学习模式”中，要能够实现用鼠标写出字母，并对字母的图像进行数字化记录，以及给予相应的字母标签。在“分类模式”中，

图 4-27　在“学习模式”中对手写字母进行学习训练

图 4-28　在“分类模式”中对手写字母进行分类识别

除了手写字母并将其图像数字化外，还要能够计算当前图像的数值和已学习图像的数值之间的差异，也就是它们的距离，并根据距离排序的结果完成分类。接下来我们按以下 10个步骤完成这个“手写字母识别”的程序。

（1）设置模式切换功能

点击“模式切换”这个角色，可以在“学习模式”和“分类模式”之间进行切换，我们可以用一个变量来实现类似“开关”这样的功能，通过一个分支结构，让变量“模式”在 0 和 1 之间变化，同时切换到相应的背景上（图 4-29）。

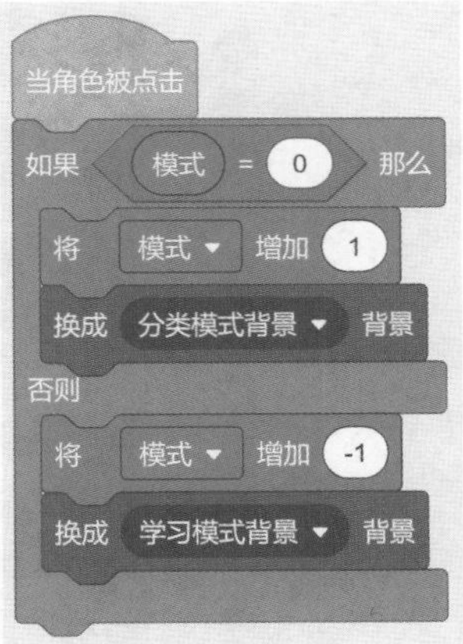

图 4-29　实现“模式切换”的程序

在“手写字母识别”程序开始运行的时候，点击“小红旗”，可以把模式设置为默认的“学习模式”，即把变量“模式”设置为 0，再发出“初始化”的广播，通知各个角色做好运行程序的准备工作（图 4-30）。

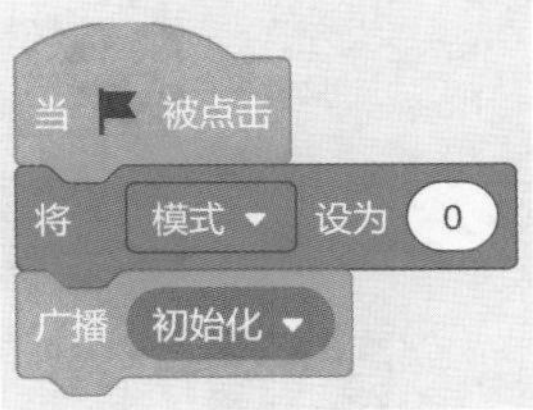

图 4-30　程序开始运行后先要进行“初始化”

为了确保每次程序运行时，各个按钮角色都在自己正确的位置上，并不能被移动，我们可以在程序初始化的时候，添加一块移动到默认坐标的积木，同时将拖动模式设置为“不可拖动”（图 4-31，图 4-32）。

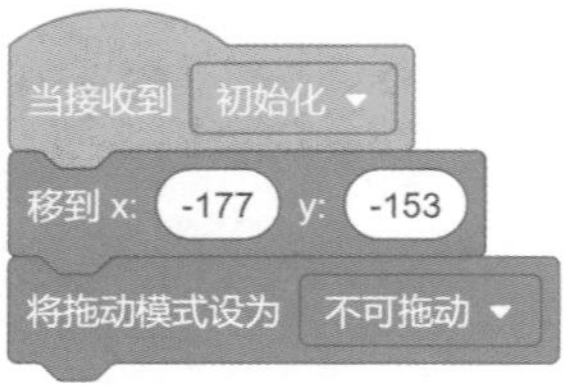

图 4-31　角色“模式切换”的初始化设置

角色所在坐标的数值，可以通过双击舞台上的角色，在运动模块的“移到 x: y:”积木中看到哦！

图 4-32　获得角色所在坐标的方法

（2）使用画笔实现手写字母

通过“添加扩展”，增加“画笔”模块（图 4-33）。

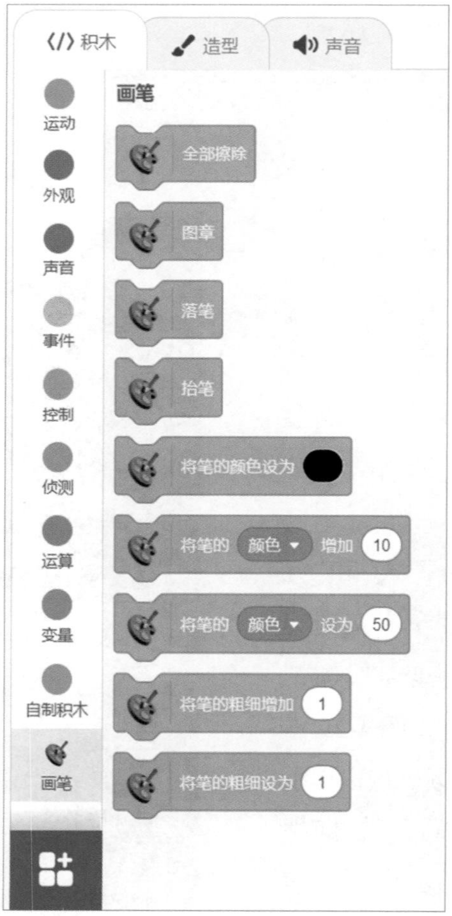

图 4-33　“画笔”模块

在整个程序的运行过程中，我们需要画笔跟随鼠标移动而移动，按下鼠标左键就可以开始手写，放开就停止手写，而画笔本身并不用显示。同时，在开始新的手写前，需要将之前手写的内容全部擦除，并设置笔触的颜色和粗细。“画笔”角色的程序如图 4-34 所示，在这里，颜色的设置很重要，这关系到后面扫描到手写字母的判断条件。

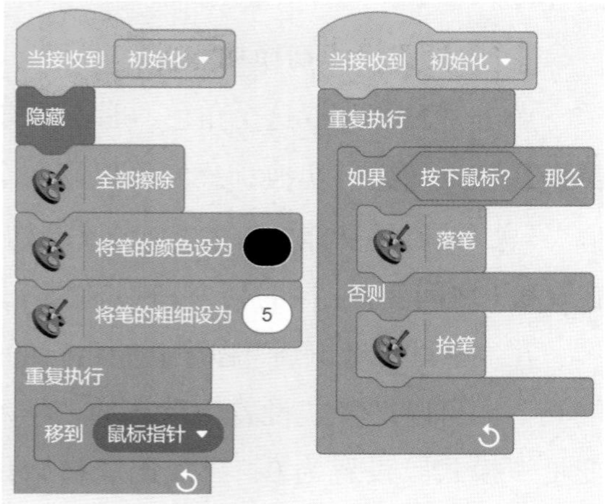

图 4-34　角色“画笔”的程序

（3）制定两种模式的工作流程

根据我们之前学习的 KNN 算法的原理和图像数字化及比较的基本方法，结合“手写字母识别”程序两种模式的定义，可以把不同模式的工作流程梳理出来（图 4-35）。

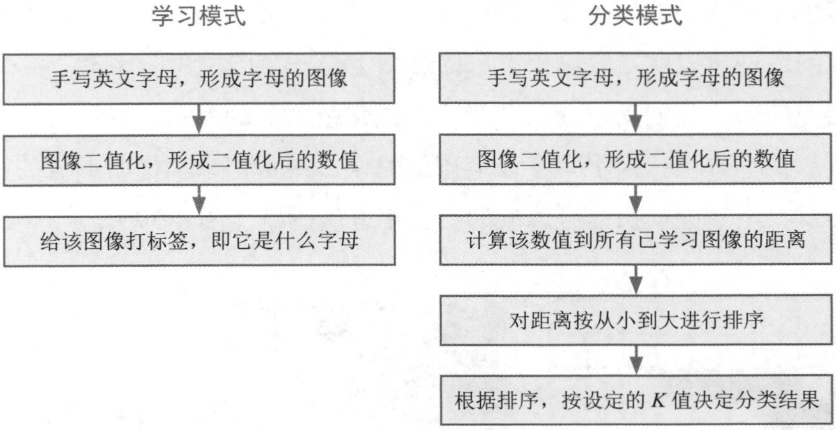

图 4-35　两种模式的工作流程

因为手写字母的功能已经在“画笔”角色中完成了，所以在点击“开始扫描”角色按钮后，可以通过一个分支结构分别制定两种模式的工作流程，在这里使用了广播的方式（图4-36），对广播的名称进行了适当的简化。

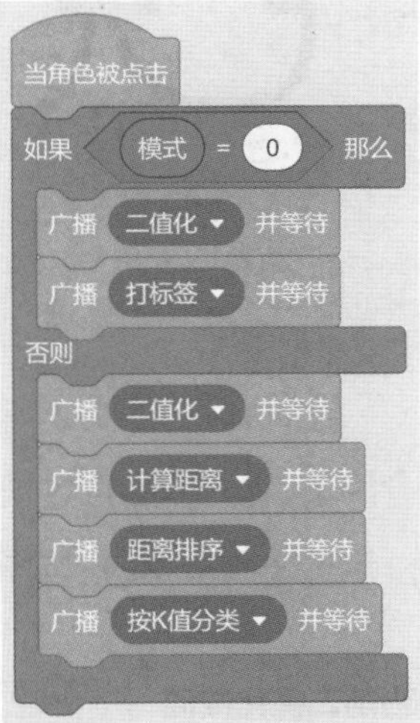

图 4-36　两种模式工作流程的程序

（4）图像二值化的实现

通过前面的学习我们知道，图像二值化的基础是先进行像素化。如果像素太多，对后面图像距离计算的压力就会很大，所以在这里我们做了一定的简化处理。

首先，在舞台上设置了一个特定的手写区域，要求在这个区域内进行手写。

其次，我们制作了一个“方块”的角色，它是一个 20×20 的小方块，有白色和黑色两种造型，名称分别是 0 和 1（图 4-37）。

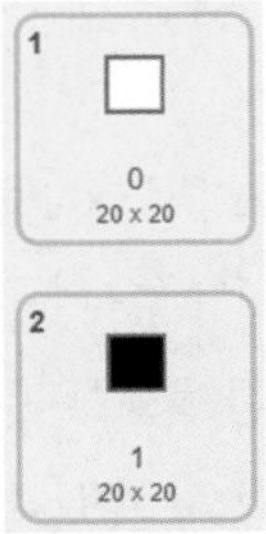

图 4-37　角色“方块”的两种造型

再次，我们用这个小方块从手写区的左上角（坐标 *X*：48 ，*Y*：168，预先通过测定获得），从左到右，从上到下，逐一进行扫描（手写区大小为 200 × 200，也就是每行扫描 10 格，共 10 行）。

在这个过程中，如果小方块遇到黑色的手写字母笔迹，就用 1 的造型（也就是黑色小方块的造型）敲一个图章；其他没有遇到手写字母笔迹的地方，就用 0 的造型（也就是白色小方块的造型）敲一个图章（图 4-38）。

与此同时，我们新建一个“当前二值化数值”的变量，并设置一个空的初始值。在小方块扫描手写字母笔迹的时候，用 1 记录扫描后形成的黑色小方块图章，用 0 记录扫描后形成的白色小方块图章（图 4-39）。

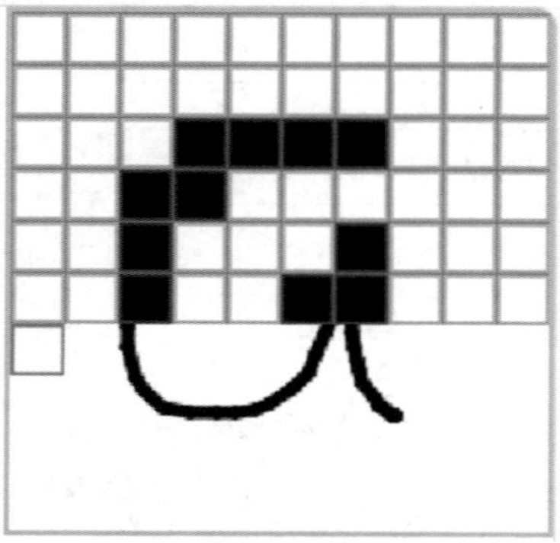

图 4-38　角色“方块”扫描手写字母的笔迹

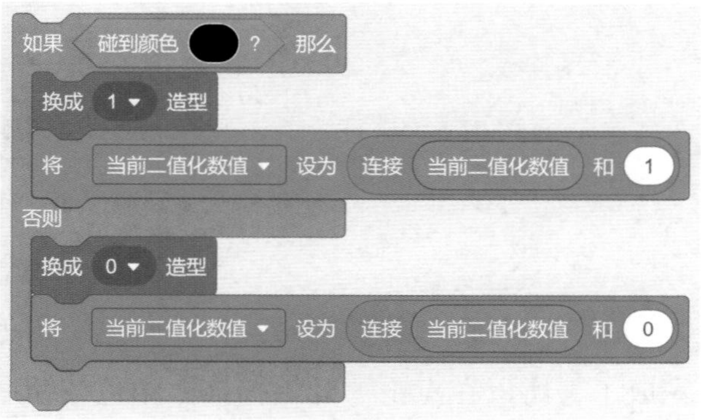
如果 碰到颜色 ? 那么
换成 1 造型
将 当前二值化数值 设为 连接 当前二值化数值 和 1
否则
换成 0 造型
将 当前二值化数值 设为 连接 当前二值化数值 和 0

图 4-39　变量“当前二值化数值”的设置

最后，就形成了一个 100 位的由 0 和 1 组成的数值，也就是当前这个手写字母二值化后的数值。图 4-40 所示是变量“当前二值化数值”的部分内容，你能把这些 0 和 1 与图 4-38 中的小方块对应起来吗？

当前二值化数值
000000000000000000000001111000001100000000100010000010011

图 4-40　变量“当前二值化数值”

角色“方块”的完整程序如图 4-41 所示。

（5）给图像打标签

在“学习模式”中，得到图像二值化的数值后，就需要给这个图像打上标签了，在这里就是要告诉计算机它是哪个字母。看到这里，你一定想到了监督学习，没错，KNN 算法就是机器学习中一种典型的监督学习算法。

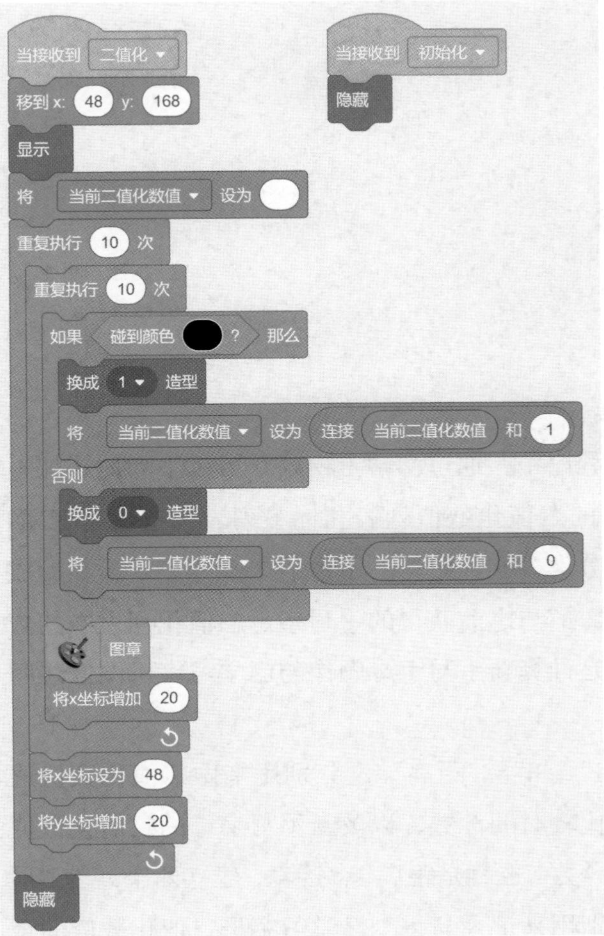

图 4-41　角色“方块”的程序

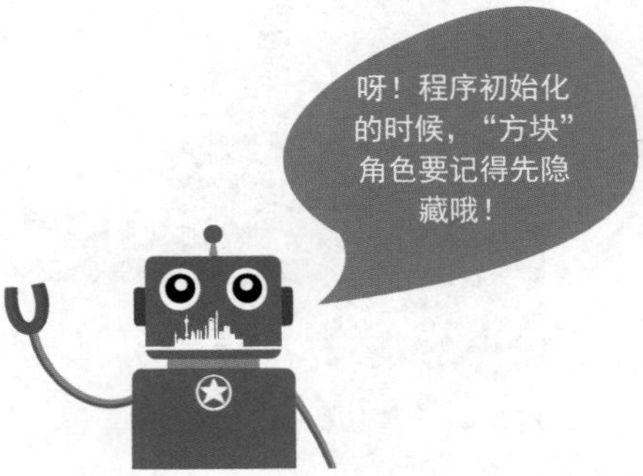

呀！程序初始化的时候，“方块”角色要记得先隐藏哦！

图 4-42　角色“方块”初始化时需隐藏

思考探索

你知道图 4-41 程序中这两块积木（图 4-43）有什么作用吗？

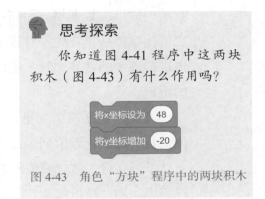

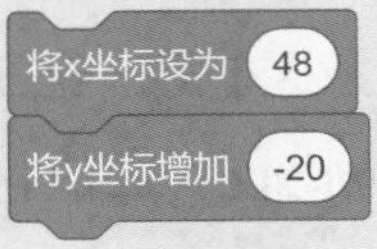

图 4-43　角色“方块”程序中的两块积木

根据图 4-36 的广播名称，在收到“打标签”的广播后，我们需要运用问答的方式输入当前图像的标签名称，并把它存储起来。

那是不是只要存储输入的标签名称就可以了呢？一定不是！你想，如果只有标签名称，那么这个标签对应的图像二值化数值该到哪里找呢？所以，在这里不仅要存储当前图像的标签名称，还要存储当前图像的二值化数值。还记得它在哪里吗？没错！它在“当前二值化数值”这个变量里。我们需要建立两个列表“标签”和“二值化数值”，用来一一对应地存储每个图像的标签和二值化数值（图 4-44），存储完成后，手写区的黑白小方块就可以擦除了哦。

至此，“学习模式”的所有任务就都完成了，随后我们只要每个字母多手写几个，让计算机多多学习就好啦。

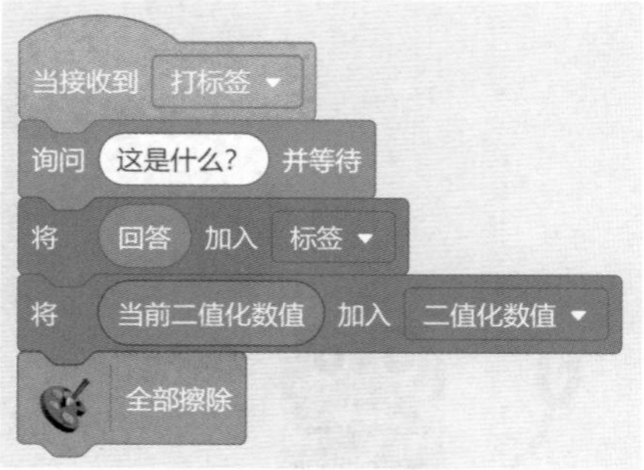

图 4-44 “打标签”的程序

（6）计算图像之间的距离

在这个“手写字母识别”程序中，通过“学习模式”可以不断地添加手写字母，让程序获得手写字母的二值化数值列表和标签列表，也就是 KNN 算法中的训练数据集。而在“分类模式”中，新手写的未知标签字母在形成二值化数值后，首先要对这个数值与之前获得的手写字母二值化列表中的数值进行逐一的差异比较，也就是计算新手写字母图像与已学习字母图像之间的距离。

首先，建立三个变量，“i”“j”“距离”，分别用来做二值化数值逐位比较、二值化数值列表逐项比较时的计数，以及新手写字母的二值化数值与已学习字母二值化数值的差异数（也就是距离）。接着，建立两个列表“最近距离”和“最近标签”，分别用来记录与每个已学习字母二值化数值的距离，以及对应的每个已学习字母的标签。这里之所以要新建一个标签列表，主要是考虑之后要对这个列表进行排序操作，在原来的“标签”列表中操作的话，会打乱它与“二值化数值”列表的数据的一一对应关系。

然后，我们用一个 100 次的循环，把图 4-45 这样的存储在变量“当前二值化数值”中的新手写字母的图像二值化数值，与图 4-46 这样的存储在“二值化数值”列表中的已学习手写字母中的一项图像二值化数值进行逐位的数值比较，如果发现不一样，就在变量“距离”中加 1（图 4-47）。那为什么要循环 100 次呢？因为我们的每项图像二值化数值有 100 位嘛！当然，变量“i”和“j”的初始值应该是 1，变量“距离”的初始值应该是 0。

完成了新手写字母的二值化数值与已学习字母的“二值化数值”列表中一项数值的比较后，我们就可以把比较的结果，也就是变量“距离”的数值加入刚才新建的“最近距离”列表，同步把与之比较的这项已学习字母

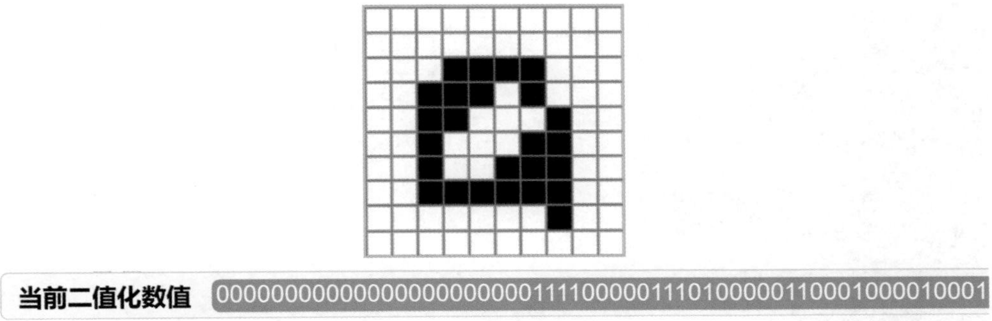
当前二值化数值
0000000000000000000000001111000001110100000110001000010001

图 4-45　新手写字母和二值化数值

二值化数值
1
0000000000000000000000001110000000110100000001001100000100110...
2
000000000000011100000001111000001100010000100001000010001100...
3
000000000000000000000001111000001100010000110011000010011100...
4
00000000000000000000000011000000011110000011000100001000110...
5
000000000000000000000000000000000111100000110001000011000100...

图 4-46　列表“二值化数值”

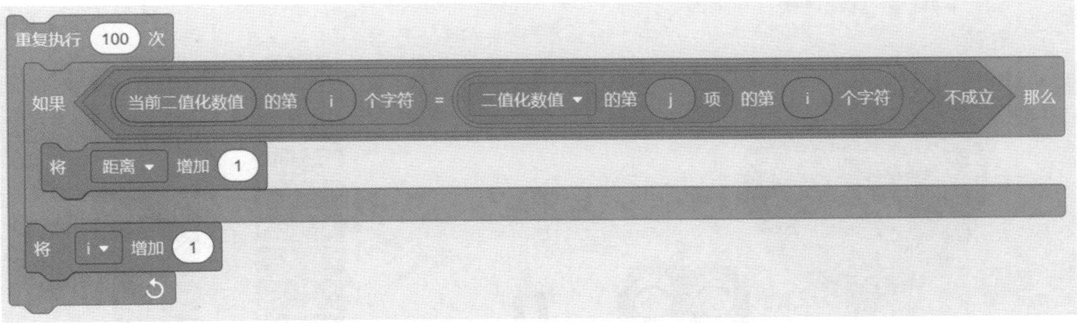
重复执行 100 次
如果 当前二值化数值 的第 i 个字符 = 二值化数值 的第 j 项 的第 i 个字符 不成立 那么
将 距离 增加 1
将 i 增加 1

图 4-47　比较两个图像的二值化数值的差别

的标签加入刚才新建的“最近标签”列表，形成一一对应的关系。

最后，我们还可以在刚才的内循环基础上，增加一个外循环，用来实现对“二值化数值”列表中每一项数值的比较，就像图 4-48 这样。

这样我们就完成了新手写字母的图像与已学习字母的图像之间距离的计算（图 4-49），通过图 4-50 所示的“最近距离”和“最近标签”两个列表我们可以看到，刚才图 4-45 所示的新手写字母图像，与已学习的字母图像相比，和被标签 a 的字母图像距离最近，也就是说最为相似。

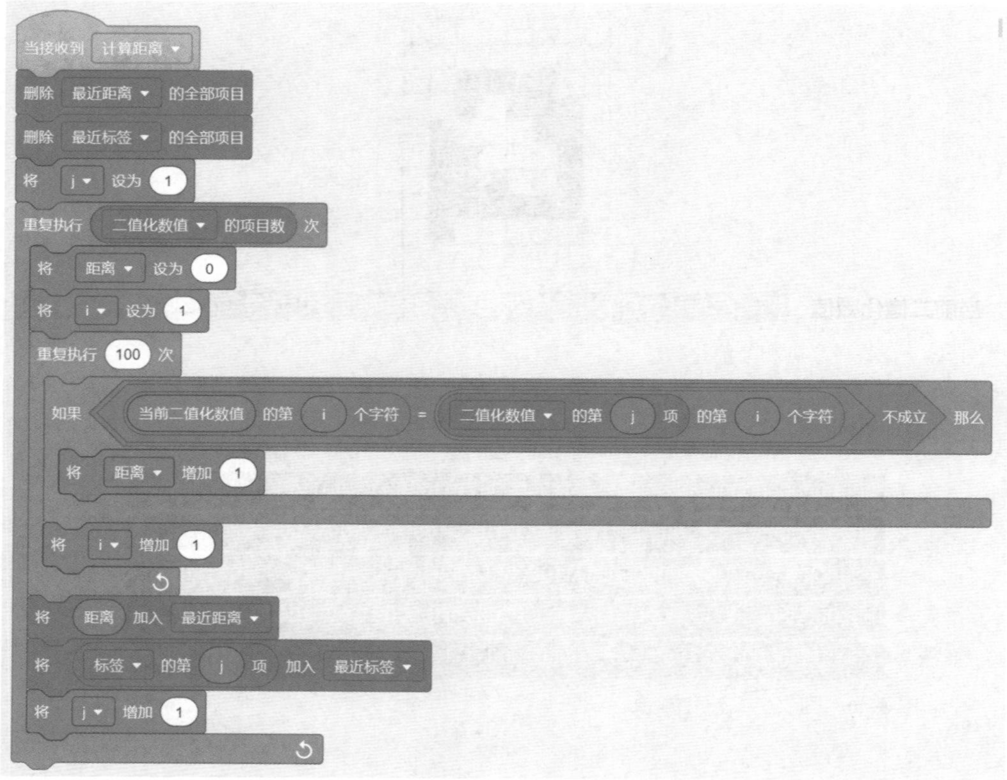

图 4-48 “计算距离”的程序

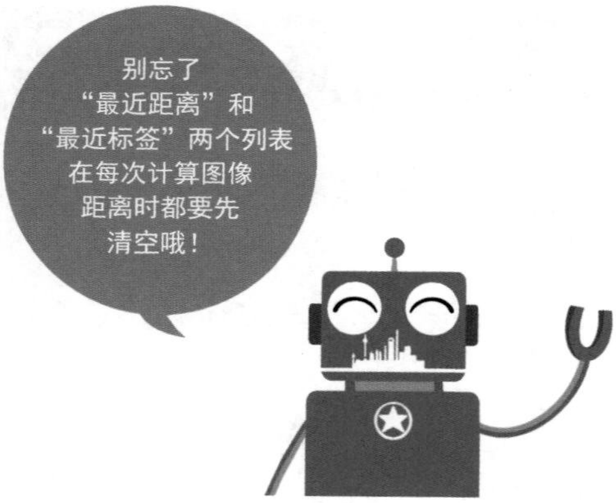

图 4-49 列表“最近距离”和“最近标签”需先清空

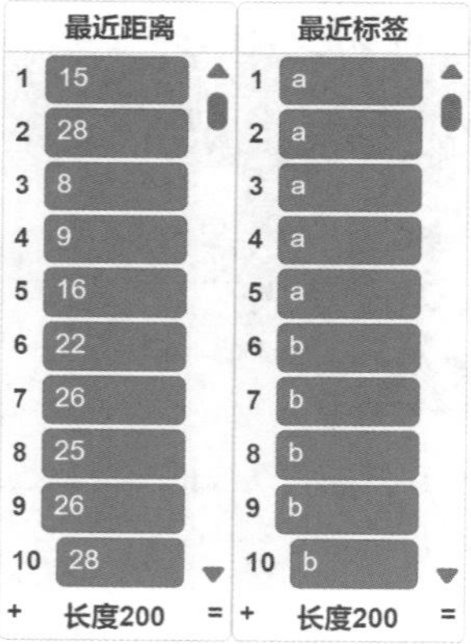

图 4-50 列表“最近距离”和“最近标签”

（7）对计算出的距离进行排序

按照图 4-35 所示的流程，在“分类模式”中，接下来就要对刚才所有计算出来的距离进行排序了。为什么要排序呢？因为根据 KNN 算法的要求，需要找到训练数据集中距离未知数据点最近的 K 个数据点，那么在“手写字母识别”这个程序中，就需要找到图 4-50 中“最近距离”列表里最小的

K 个数值。从列表现在的长度看，有 200 项，是不是有比前 10 项中的 15，8，9 更小的数值呢？要知道这个问题的答案，就需要对“最近距离”这个列表的数值按从小到大的顺序进行排序，这样排在最前面的数值就一定是最小的啦。当然，因为“最近距离”列表里的数值和“最近标签”列表里的标签是一一对应的，所以“最近标签”列表里的内容也要跟着一起来变化，这样才能保证对应关系不变。

怎么对“最近距离”这个列表里的数值进行排序呢？还记得第 3 章中讲到的那几种排序方法吗？没错，用它们就可以啦！在这里我们用较为简单的冒泡排序算法来试一试。

根据冒泡排序算法的要求，这里我们需要把“最近距离”列表中的数值，从第 1 项开始和下一项比较，如果第 1 项大于下一项，就把第 1 项的数值先存放在一个临时变量里，然后把第 1 项的数值替换为下一项的数值，再把下一项的数值替换为刚才存放在临时变量里的数值，也就是让第 1 项和下一项交换一下位置。以此类推，“最近距离”列表中有多少个项目，就重复多少减一次，这样就可以确保最大的数值到了最后一项（图 4-51），这里用来计数的变量为“i”，用来临时存放数值的变量为“t”。

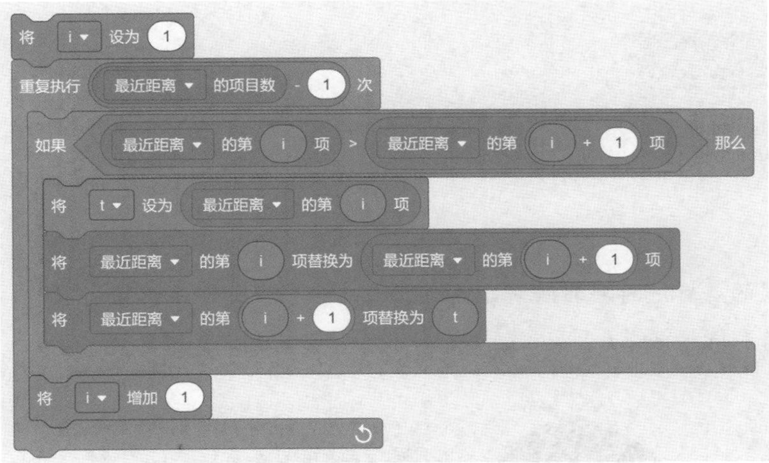

图 4-51　用冒泡排序算法对列表“最近距离”进行排序

还记得刚才说的“最近标签”列表里的标签也要跟着一起变化吗？所以我们只要照葫芦画瓢，把“最近标签”列表也替换一下就可以了！那么是不是这样就完成冒泡排序了呢？恐怕还没有，刚才只是把最大的数值移动到了最后，其他数值还不能保证就一定是按升序排列的，所以我们需要在刚才的内循环的基础上再增加一个外循环，还是运行“最近距离”列表中项目数减一次，这样就可以完成冒泡排序啦！如果不记得为什么要这么做，可以回到第 3 章再去看一看哦。

对距离排序的完整程序如图 4-52 所示。

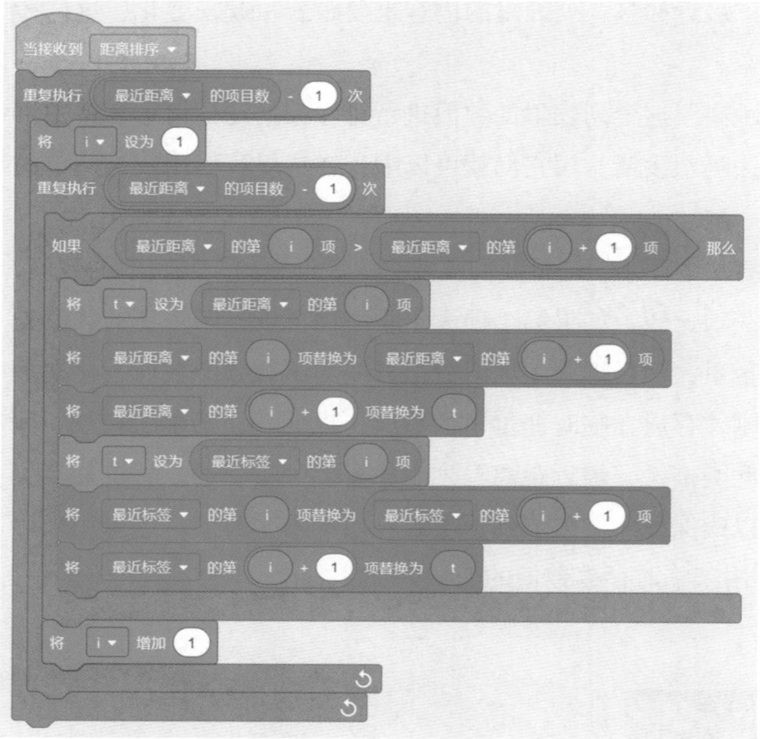

图 4-52　“距离排序”的程序

思考探索

这里我们使用的是冒泡排序算法对距离进行升序排列，你能不能用之前学过的其他排序算法来试一试呢？

图 4-53　是否可以用其他算法排序

（8）根据 *K* 值预测分类的结果

好了，终于到了最激动人心的时刻了！我们只要根据 *K* 值来看一看排序中前 *K* 个标签是什么，就可以预测这个新手写的字母可能是什么了。

我们来看看现在排好序的“最近标签”和“最近距离”列表吧！如图 4-54 所示，如果 *K* 设置为 3，那么前 3 项分别是 a，a，c，根据少数服从多数的原则，预测结果就应该是 a。那怎么让计算机也能得出这个结论呢？其实我们之所以能得出这个结论，是因为我们已经经过了统计前 3 项出现的次数，根据出现次数最多的标签来确定预测结果这样一个过程。计算机也可以模拟刚才的思维过程来实现预测。

我们可以新建两个列表“前 K 个标签”和“前 K 个标签计数”，分别用来存放前 *K* 个标签是什么，以及对应的这个标签出现的次数。再新建一个变量“K”，设置为滑竿显示方式，滑块范围设置为 3 到 5，用来设定 *K* 的取值。我们在这个过程中还需要用到两个计数变量，这时之前的变量“i”和“j”暂时没有用，我们可以先用它们。

首先，我们在“前 K 个标签计数”列表里添加 *K* 个 0，用于待会统计数字的替换（图 4-55），当然，每次都需要先进行列表清空。

接着，我们看一看“前 K 个标签”列表里有没有“最近标签”列表里的第一项，如果没有，就把“最近标签”列表里的第一项放入“前 K 个标签”列表里，并把“前 K 个标签计数”列表里与之对应位置的数值加 1；如果已经有了，就仅在“前 K 个标签计数”列表里把与之对应位置的数值加 1。

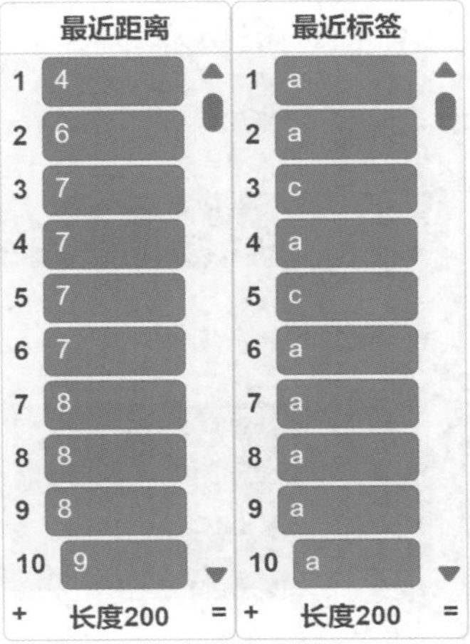

图 4-54　排好序的列表“最近标签”和“最近距离”

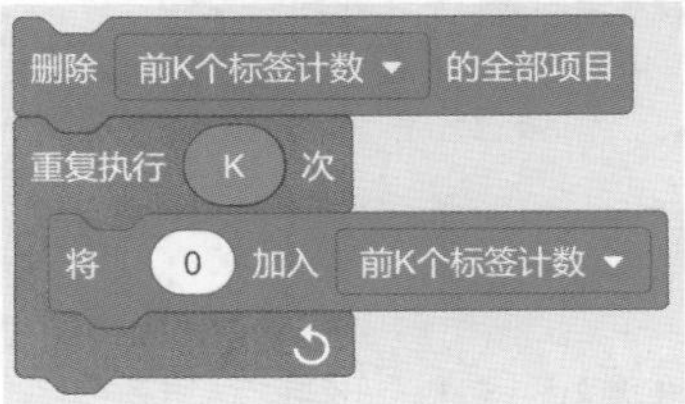

图 4-55　列表“前 K 个标签计数”的设置

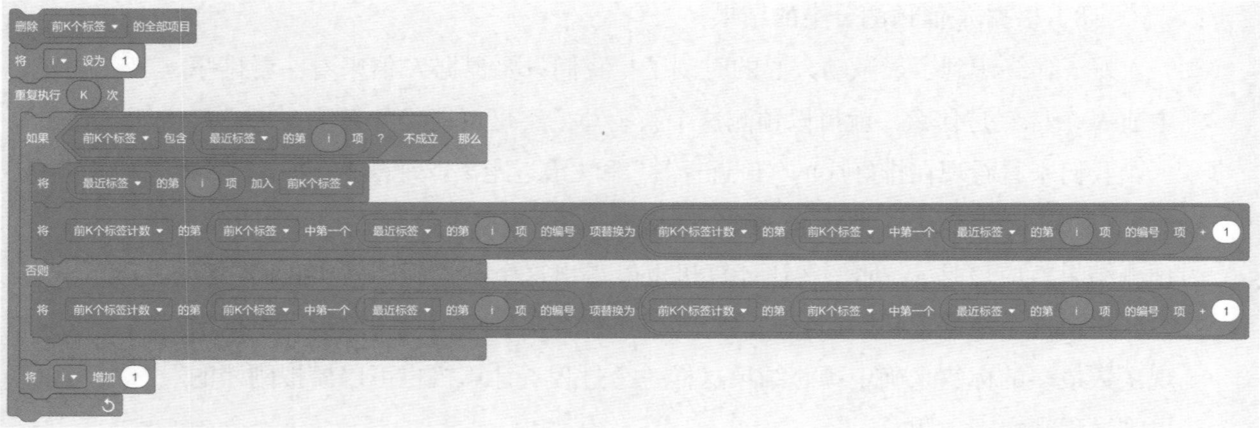

图 4-56 找到前 *K* 个标签并计数的程序

这样循环 *K* 次，就可以把前 *K* 个标签是什么找出来，并统计出每个不同标签出现的次数了（图 4-56）。

然后，我们来看一看“前 K 个标签”和“前 K 个标签计数”列表里的情况，如图 4-57 所示，前 *K* 个标签中 a 出现了 2 次，c 出现了 1 次。那么我们刚才说的“少数服从多数”这句话用程序该怎么体现呢？可以新建一个变量“最大值”，一开始先把“前 K 个标签计数”列表里的第一项存入，然后比较之后的每一项，如果有比它大的，就用它替换变量“最大值”，循环 *K* -1 次，就能得到最大值是几啦，就像图 4-58 这样，你看明白了吗？

最后，根据变量“最大值”的数值在“前 K 个标签计数”列表里的位置，再对应找到“前 K 个标签”里的标签记录的是什么，就知道根据 KNN 算法预测的新手写字母图像可能是什么啦！我们把它存在新建的变量“出现最多的标签”里，这时就可以广播“完成分类”了（图 4-59）。

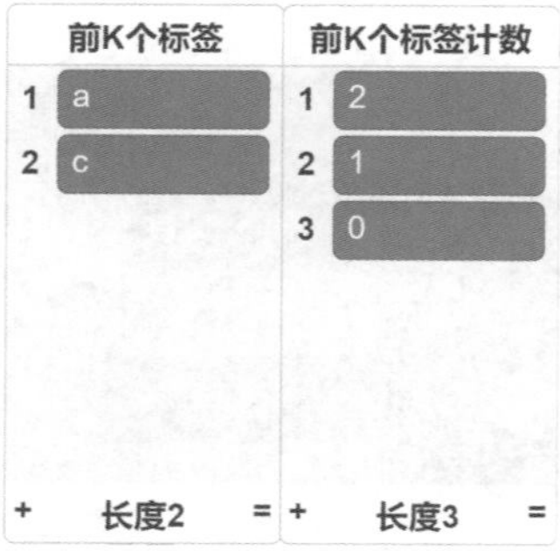

图 4-57 “前 K 个标签计数”的情况

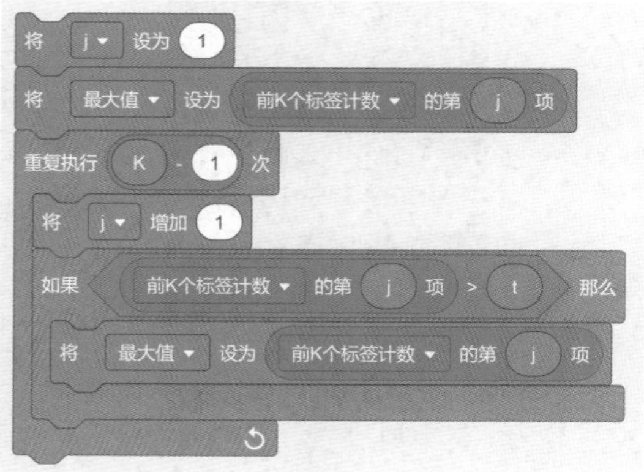

图 4-58 找到“前 K 个标签计数”的最大值

图 4-59　得到手写字母识别的结果

（9）输出手写字母识别的结果

小能在接收到“分类完成”的广播后，用变量“出现最多的标签”说出手写字母识别的结果就可以啦（图 4-60，图 4-61）。

（10）清空手写区与清除所有数据

为了让“手写字母识别”这个程序更加完整，我们还可以增加一键清空手写区，以及一键清除所有已学习的图像数据的功能，其实分别就是画笔的“全部擦除”和删除所有列表的全部项目（图 4-62，图 4-63）。

到这里，“手写字母识别”程序就全部完成啦。完整的程序可以参阅本书配套资源包中第 4 章的“手写字母识别程序 .syc”文件。

图 4-60　“完成分类”的程序

图 4-62　角色“清空手写区”的程序

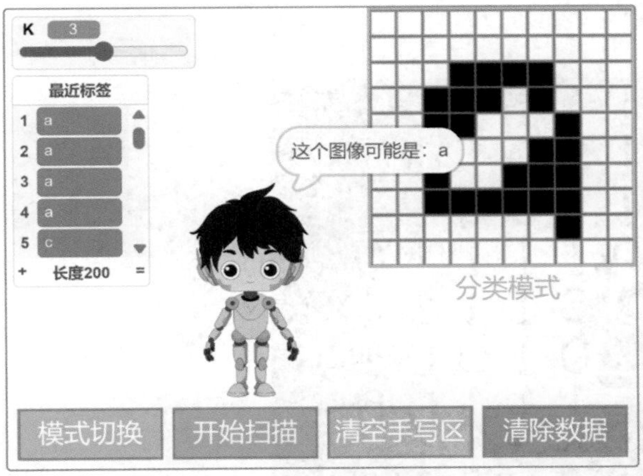

图 4-61　舞台上展示的手写字母识别结果

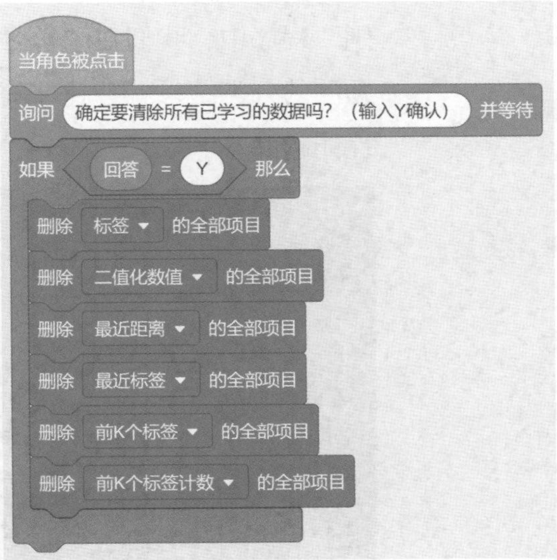

图 4-63　角色“清除数据”的程序

4.1.3 更多关于 KNN 算法

1. KNN 与机器学习算法

KNN 算法是人工智能领域常见的一种机器学习算法，它和其他机器学习算法一样，可以让计算机从数据中自行学习并自行适应，从而自动改善自身的性能。

图 4-64 传统算法和机器学习算法

相比一些传统的算法，KNN 等机器学习算法有这样几个不一样的地方（图 4-64）。

一是会自动化学习：传统算法需要由人来编写明确的规则从而解决问题，而机器学习算法可以从数据中自动学习并提高性能，不需要人来编写非常明确的规则。例如在“手写字母识别”程序中，我们并没有告诉计算机判断是不是字母 a 的规则有哪些。

二是需要数据进行训练：大部分机器学习算法需要足够多的数据来训练模型（图 4-65），这些数据包含输入和输出两部分。例如在“手写字母识别”程序中，我们给了输入的手写字母图像，以及对应的输出的字母标签。这些数据用于训练模型，从而可以在未来预测新的输入数据。

三是具有自适应性：机器学习算法可以适应新的数据，并根据新的数据改善模型的性能，而传统算法往往不能适应新的数据。例如在“手写字母识别”程序中，我们在“学习模式”中输入的每个字母图像和标签越多，最后预测的分类结果就会越准确，换句话说，也就是我们的这个字母分类模型的性能越好。

图 4-65 机器学习算法需要数据进行训练

2. KNN 算法的应用

KNN 算法被广泛应用于商业、金融、医疗、能源、交通运输等领域（图 4-66）。

在商业领域，KNN 算法可以用于推荐系统、购物车分析和客户分类等任务。例如，当你使用购物 App 时，它可以预测你可能想买的东西，这背后就是 KNN 算法通过分析你的购买历史和偏好，找出与你最相似的其他用户，进而推荐这些用户喜欢的商品。

在金融领域，KNN 算法用于信用评估、风险管理和欺诈检测等任务。例如，金融机构可以利用 KNN 算法分析客户的历史信用记录和行为模式，从而评估客户的信用风险。

在医疗领域，KNN 算法被应用于病例诊断和预测、医学影像处理和识别等任务。在医学影像处理方面，KNN 算法通过比较新的影像与已知诊断案例的影像，帮助医生进行疾病诊断，例如肺结节的识别等。

在能源领域，KNN 算法用于电力负荷预测和风力发电预测等任务。作为一种监督学习算法，KNN 算法不仅可以解决分类问题，还被应用于回归问题。例如，它可以分析历史电力负荷数据，帮助预测未来的电力需求。

在交通运输领域，KNN 算法应用于交通流量预测、车辆识别和行驶路径规划等任务。交通流量预测是基于历史交通流量、道路结构、公共交通、天气等数据的回归预测，车辆识别则是基于车辆外形、车牌等图像数据的分类预测。

除此之外，KNN 算法还可以应用于许多其他领域和任务，如果有兴趣的话，可以进一步探索和学习。

图 4-66　KNN 算法在各行业领域的应用

3. KNN 算法的局限和其他算法

KNN 算法的思想早在 20 世纪 50 年代就被提出，距今已有 70 多年。它以简单易懂、便于实现的特点，成为机器学习中的基本算法之一，在一些简单的分类问题上表现出色。不过，KNN 算法在处理高维数据集时就有些力不从心了。在高维空间中，数据点之间的距离会显著增加，可能导致 KNN 算法的效果下降。

什么是高维数据集呢？还记得我们曾经在一个二维的直角坐标系中比较过四种黑白像素组合的距离吗？所谓高维数据集，就是数据之间的维度多，超过二维，达到成百上千甚至数万的维度，虽然在图像上这已经无法表示，但是在数学中我们可以简单理解为 n 维解决 2^n 个的比较问题。

此外，由于 KNN 算法需要存储所有训练数据，大规模数据集会导致存储空间不足和计算量巨大等问题。

为克服这些局限性，研究者提出了一些基于 KNN 的改进算法。例如，使用 KD 树和 Ball 树等数据结构加快最近邻的查找，距离加权 KNN 算法通过对不同距离的数据点赋予不同权重以提高分类准确性，而 LSH 算法则可以在高维空间中快速找到近似最近邻。

在某些应用场景中，KNN 算法已被更先进的算法所取代。例如，在推荐系统中，深度学习技术如神经网络和协同过滤已逐渐取代 KNN（图 4-67）。同样，在图像分类问题中，卷积神经网络（CNN）等深度学习算法更常用于实现高效的分类。

虽然 KNN 算法在某些场景下已不是首选方法，但是它的算法思想仍可以带给我们很多启示，作为机器学习的基本算法之一，KNN 算法有着非常重要的学习价值。

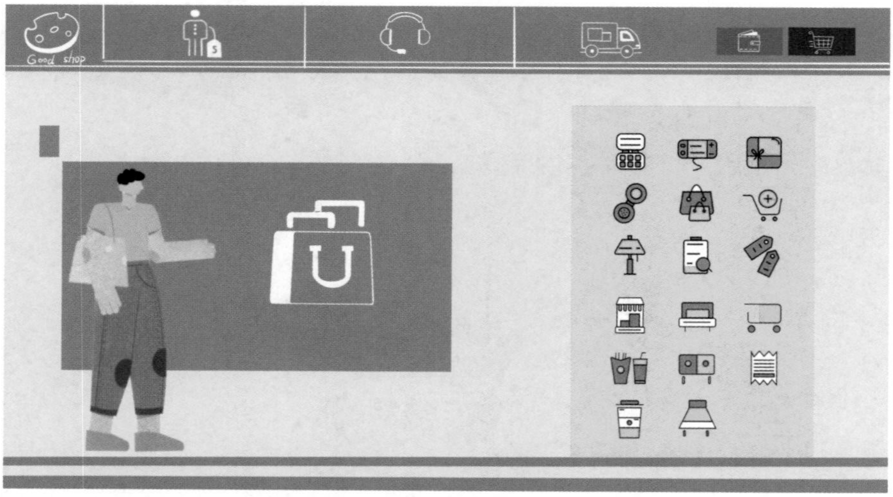

图 4-67　KNN 算法在早期推荐系统中的应用

4.2　K-Means 算法

我们接下来要认识一种名为 K-Means 的算法，全称是 K-Means clustering algorithm，中文称为 K 均值聚类算法。它是机器学习中无监督学习算法的一种。在无监督学习中，我们给机器的数据并没有事先标记或分类。假设你面前有一堆混在一起的不同种类的玩具，但没有标签来告诉你它们分别是什么。这时，机器的任务就是去自己探索和发现这些玩具之间隐藏的相似性或分类。

无监督学习中一个常用的方法是“聚类”。聚类的过程就像是根据特征（如形状、颜色或大小）把那些玩具分成不同的组。K-Means 算法正是这种聚类的一种方法，它将数据分成若干个“簇”，每个簇里的数据点都是彼此相似的。在这个过程中，算法会不断尝试调整，以确保同一个簇内的数据点在最大程度上相似，而不同簇之间则尽可能不同。这听起来可能有些复杂，其实 K-Means 算法就像是在不断地寻找最好的分组方法。

简单来说，K-Means 算法通过识别数据特征来帮助机器学习如何将事物分组，这在无监督学习中是非常重要的。

4.2.1　认识 K-Means 算法

我们可以先通过一个不插电的小游戏来了解一下 K-Means 的算法思想。

游戏情境

为了让更多的人参与阅读，营造全民阅读的良好氛围，社区准备建造公益书报亭，惠及社区现有的居民。

游戏目标

社区打算建造 2 个公益书报亭，请尝试为公益书报亭选址，选址要求尽可能处于社区居民居住的中心位置，让社区里的居民走到公益书报亭的路径尽可能短。

游戏材料

①一张带有平面直角坐标系的社区地图（图 4-68）。

②10 张带有（X, Y）坐标的居民分布点卡牌，代表这里有居民分布（图 4-69）。

③2 张公益书报亭卡牌（图 4-70）。

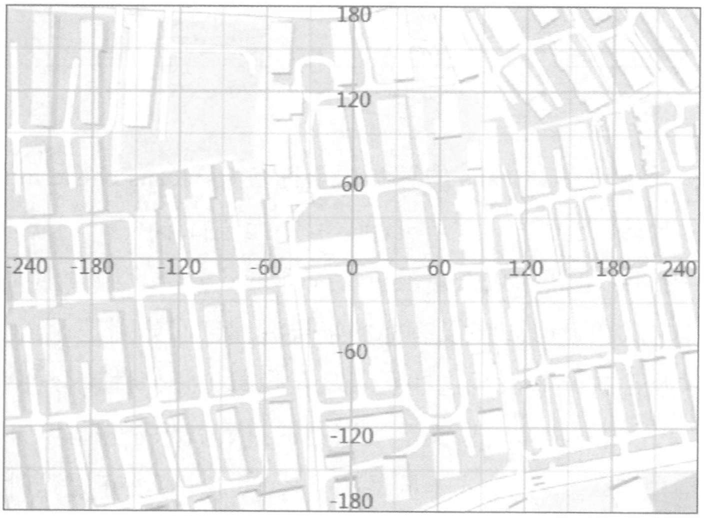

图 4-68 社区地图

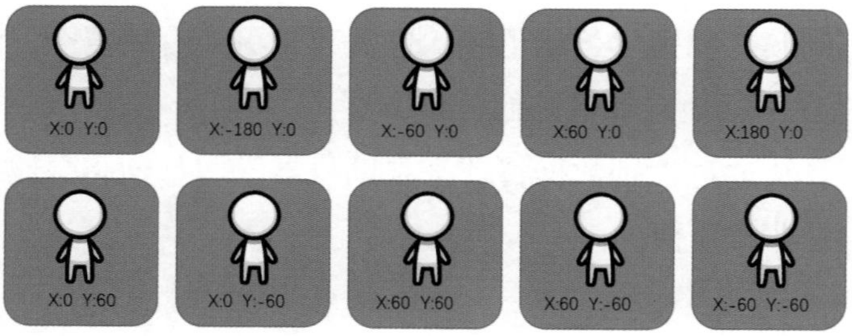

图 4-69 居民分布点卡牌

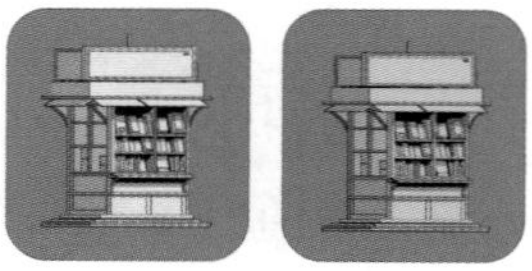
图 4-70 公益书报亭卡牌

思考探索

尝试设计一种算法，在社区地图上找到放置公益书报亭卡牌最佳位置的（X，Y）坐标（图 4-71，图 4-72）。

图 4-71 如何设计寻找最佳位置的算法

图 4-72 尝试用 K-Means 算法解决问题

游戏过程

第 1 步：根据样本特征定位。

10 张卡牌就是我们这次游戏的样本。通过观察，我们发现每一张居民分布点卡牌都有（X, Y）坐标表示具体的位置。在这个游戏中，可以认为（X, Y）坐标就是样本数据的特征值，那么我们需要将这 10 张带有（X, Y）坐标的居民分布点卡牌，按坐标分别放置在社区地图对应的位置上（图 4-73）。

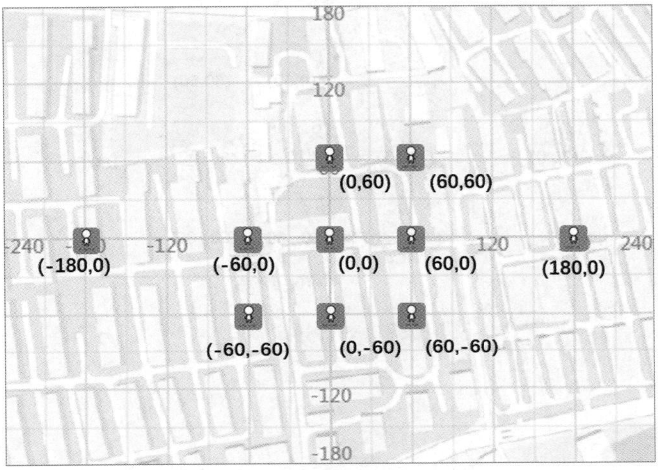

图 4-73　根据卡牌上的坐标定位居民的分布

第 2 步：确定簇数 K，并初始随机选取簇中心位置。

在这个游戏中，公益书报亭就是簇。有 2 个公益书报亭（即 $K = 2$），既然无法一下子就确定 2 个公益书报亭的坐标位置，那么就在地图上放置在 2 个随机位置。比如将黄色公益书报亭放在（180，60）位置，蓝色公益书报亭放在（0，−120）位置（图 4-74）。

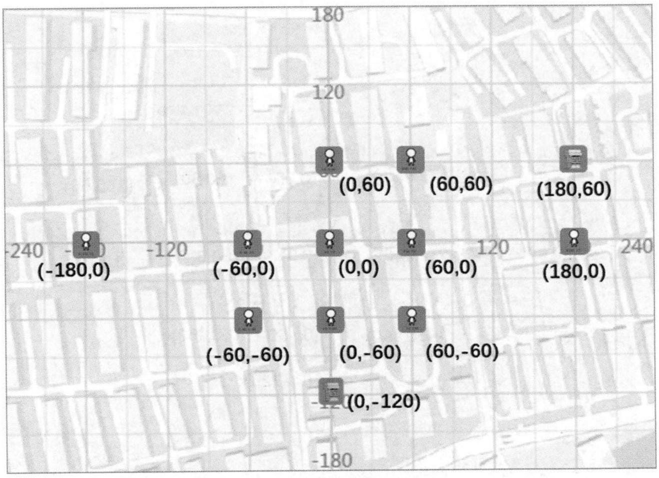

图 4-74　随机放置 2 个公益书报亭的位置

第 3 步：计算样本与簇中心的距离，选择最近簇。

接下来，分别计算每个居民分布点到黄色公益书报亭（180，60）与蓝色公益书报亭（0，-120）的距离，根据“离谁最近就属于谁的簇”的原则选择簇（图 4-75）。

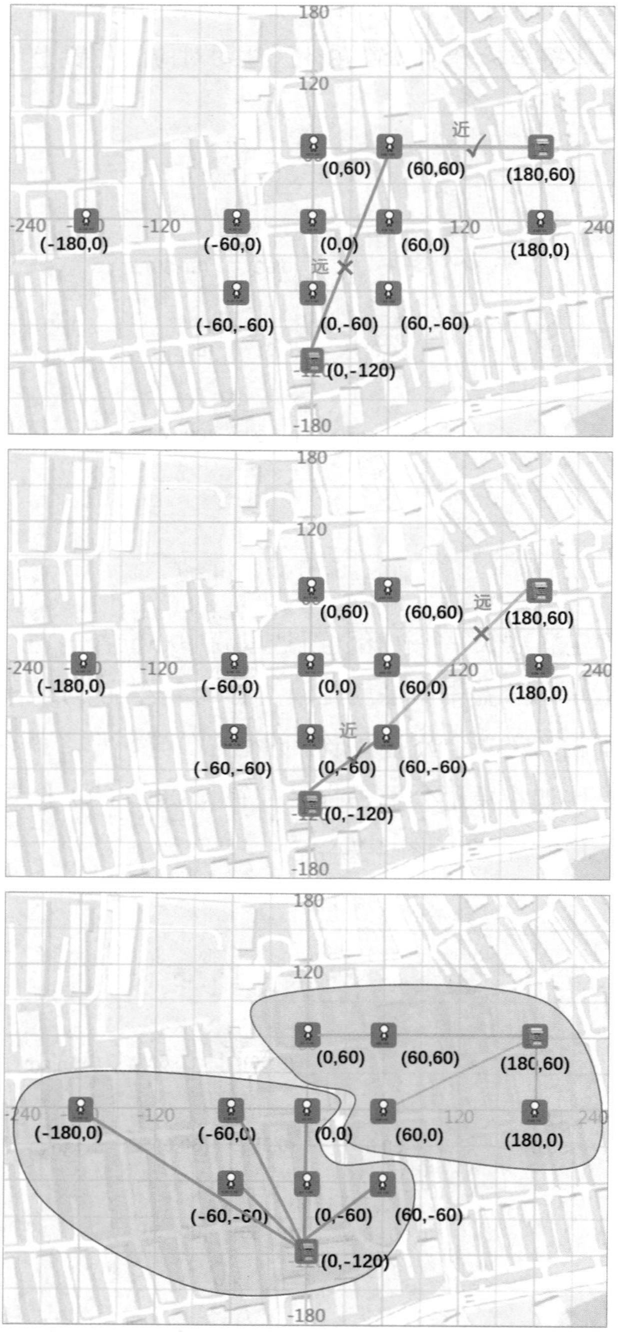

图 4-75　“就近”选择新簇

这里，我们发现居民分布点（0，60），（60，60），（60，0）与（180，0）属于黄色公益书报亭簇，其余都属于蓝色公益书报亭簇。

第4步：对每个新簇，计算簇内所有样本的平均值，得到新的簇中心位置。

对于这两个簇重新计算中心位置（即计算簇内所有居民分布点 X 坐标与 Y 坐标的平均值），这里以计算黄色公益书报亭簇中心位置为例。

黄色公益书报亭簇有4个居民分布点（0，60），（60，60），（60，0）与（180，0），只需分别计算这4个点中 X 坐标的平均值与 Y 坐标的平均值。

$$X坐标（平均值）=（0+60+60+180）\div 4=75$$

其中，第一个0表示居民分布点（0，60）的 X 坐标位置，第二个60表示居民分布点（60，60）的 X 坐标位置，第三个60和第四个180也是一样，4表示一共4个点，也就是4个点的 X 坐标相加除以4得到75。

$$Y坐标（平均值）=（60+60+0+0）\div 4=30$$

其中，第一个60表示居民分布点（0，60）的 Y 坐标位置，第二个60表示居民分布点（60，60）的 Y 坐标位置，第三个0和第四个0也是一样，4个点的 Y 坐标相加除以4得到30。

通过平均值的计算，得到新的黄色公益书报亭簇中心位置为（75，30），如图4-76所示。

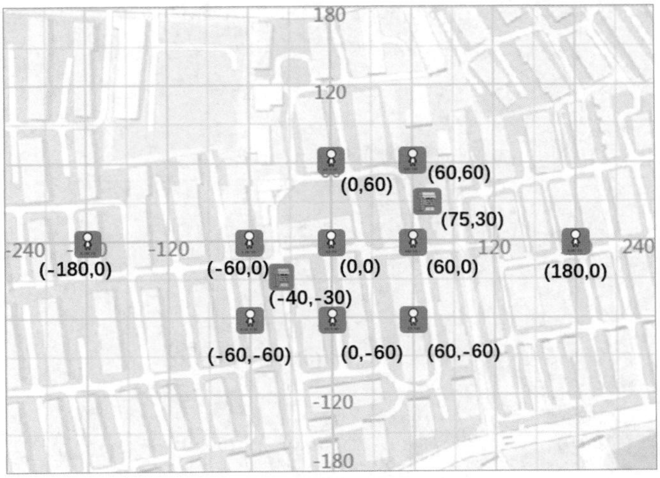

图4-76 新的黄色公益书报亭位置

动手实践

请模仿计算黄色公益书报亭簇中心位置的方法，尝试计算蓝色公益书报亭簇中心位置。

第 5 步：重复第 3 和第 4 步，进行迭代，直至簇中心位置不再变化。

从社区地图上来看，新的黄色公益书报亭与蓝色公益书报亭也不是最佳位置，那么我们可以通过重复第 3 和第 4 步，不断更新簇中心的位置，直到簇中心的位置不再发生变化，就可以认为是最佳的公益书报亭位置。

第一次迭代：计算样本与簇中心的距离，选择最近簇（图 4-77）。

第一次迭代：对每个新簇，计算簇内所有样本的平均值，得到新的簇中心位置（图 4-78）。

第二次迭代：计算样本与簇中心的距离，选择最近簇（图 4-79）。

第二次迭代：对每个新簇，计算簇内所有样本的平均值，得到新的簇中心位置（图 4-80）。

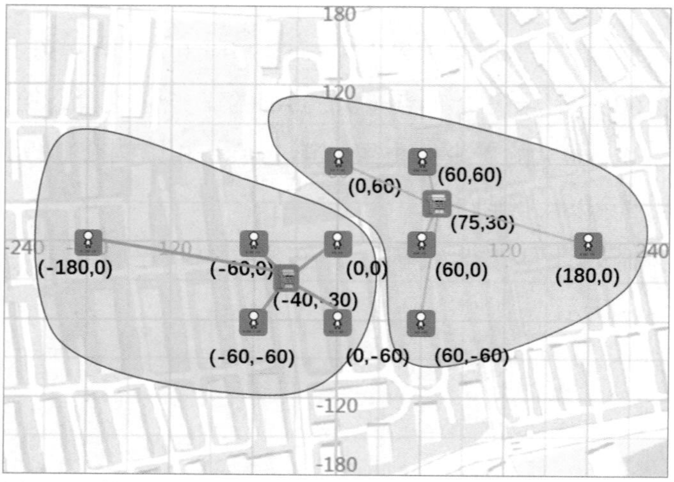

图 4-77　第一次迭代后的新簇

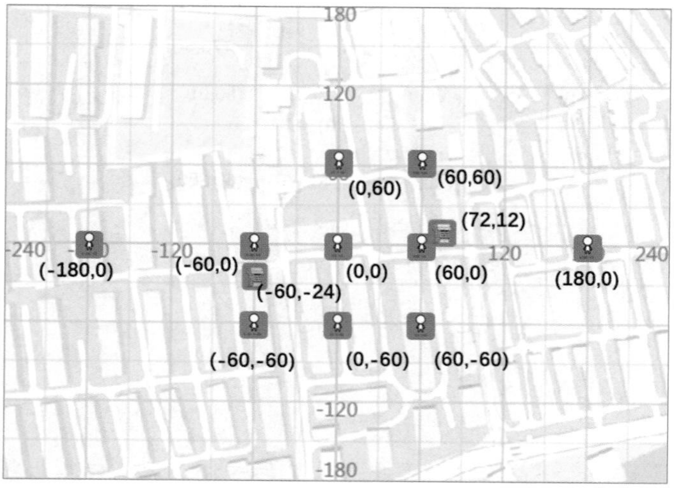

图 4-78　第一次迭代后新的公益书报亭位置

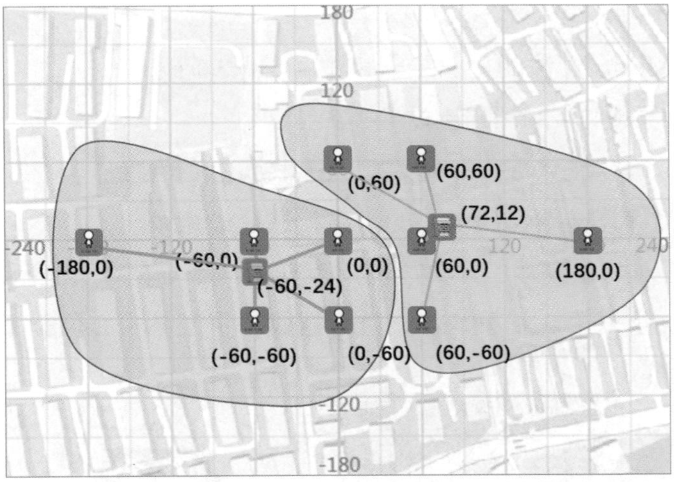

图 4-79　第二次迭代后的新簇

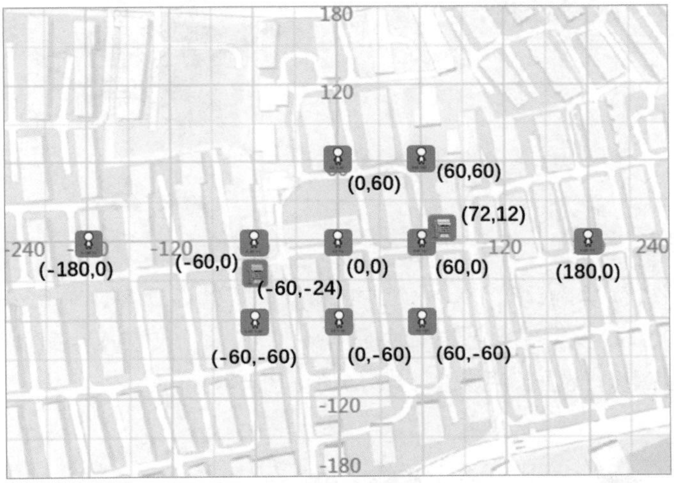

图 4-80　第二次迭代后新的公益书报亭位置

我们发现第二次迭代的簇及簇的中心位置与第一次迭代相同，那么机器就会判定黄色公益书报亭的最佳位置是（72，12），蓝色公益书报亭的最佳位置是（-60，-24）。

游戏结论 1

K-Means 算法是一种基于距离度量的无监督聚类算法，其主要思想是将样本数据分为 K 个簇（K 表示想要设定的簇数，比如在刚才的游戏中，我们有 2 个公益书报亭，因此 K 的取值就是 2），通过计算簇内样本特征平均值的方式不断迭代簇中心位置，使得每个样本数据都属于与其距离最近的簇（图4-80）。

游戏结论 2

实现 K-Means 算法的一般步骤（图 4-81）如下。

第 1 步：根据样本特征定位。

第 2 步：确定簇数 K，并初始随机选取簇中心位置。

第 3 步：计算样本与簇中心的距离，选择最近簇。

第 4 步：对每个新簇，计算簇内所有样本的平均值，得到新的簇中心位置。

第 5 步：重复第 3 和第 4 步，进行迭代，直至簇中心位置不再变化。

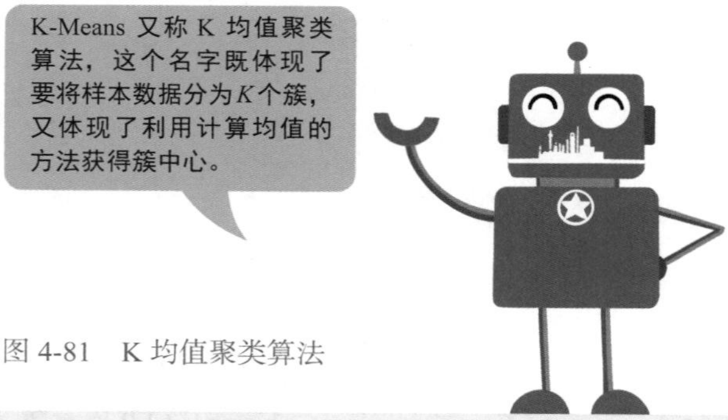

K-Means 又称 K 均值聚类算法，这个名字既体现了要将样本数据分为K个簇，又体现了利用计算均值的方法获得簇中心。

图 4-81　K 均值聚类算法

思考探索

如果在之前的游戏中，在第 2 步中第一次随机选址时，黄色公益书报亭依然选择（180，60），而蓝色公益书报亭的位置改为（−30，−30），那么最终两个公益书报亭的最佳位置会发生变化吗（图 4-82）？

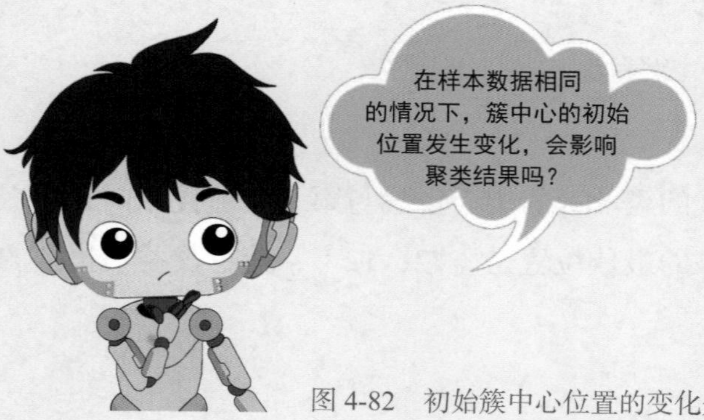

在样本数据相同的情况下，簇中心的初始位置发生变化，会影响聚类结果吗？

图 4-82　初始簇中心位置的变化是否会影响聚类结果

通过动手实践，我们可以发现，如果在第一次随机选址时，黄色公益书报亭依然选择（180，60），而蓝色公益书报亭的位置改为（−30，−30），那么最终的两个公益书报亭的最佳位置会发生变化，不是（72，12）和（−60，−24），而变成（90，0）和（−50，−10），如图 4-83 所示。

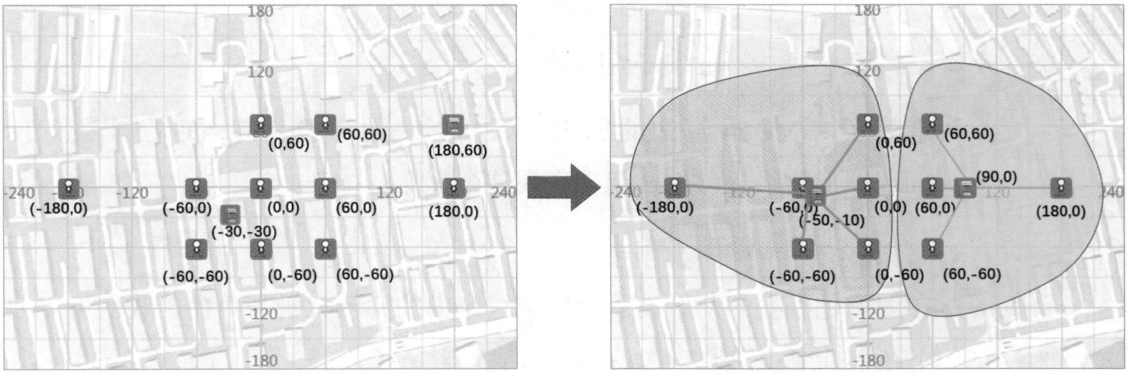

图 4-83　改变公益书报亭初始位置后的结果

游戏结论 3

通过动手实践，我们发现对于同样的样本数据，使用 K-Means 算法，初始的簇中心点位置不同，聚类结果可能会不同。K-Means 算法对于 *K* 值以及 *K* 个样本点的初始位置敏感，对于不同的 *K* 值会产生不同的聚类结果，因此需要通过试错的方式来选择最优的 *K* 值。

在前面的不插电小游戏中，小智采用的就是 K-Means 算法，而这个不插电小游戏实际上就是一个聚类问题，即对社区内分散的居民分布点（*X*，*Y*）坐标进行聚类，以确定最佳位置来设置两个公益书报亭。

一般来说，K-Means 算法的含义是这样的：通过将数据点划分成 *K* 个不同的簇，使得每个数据点都归属于与其最近的簇的中心点，从而实现数据的聚类。这个过程旨在找到一组簇中心点，使得每个数据点与其所属簇的中心点之间的距离最小化。K-Means 算法是一种迭代的优化方法，通过交替执行分配和更新步骤，逐步调整簇中心点的位置，直到收敛到一个稳定状态或达到预定的迭代次数（图 4-84）。它可以帮助我们发现数据的内在结构和模式，以及在无监督学习中实现聚类任务。

在实践中，机器为了避免这种情况，通常会随机选择多组初始簇中心点位置，对每组簇中心点位置都执行 K-Means 算法，并选择最优的结果作为最终的聚类结果。

图 4-84　实践中通常会随机选择多组初始簇中心点位置

4.2.2 K-Means 的编程实现

理解了 K-Means 算法的思想，以及算法的一般步骤，现在让我们用 Yocoding 图形化编程软件一起来实现这个算法。

1. 确定舞台背景与角色

在图形化编程的开始，需要确定程序中的舞台背景与角色，我们可以回忆一下在不插电小游戏中用到哪些游戏材料（图 4-85）。

图 4-85　图形化编程中需要用到哪些角色和背景

在不插电小游戏中，我们的游戏材料有：带有平面直角坐标系的社区地图、居民分布点卡牌、公益书报亭卡牌。

带有平面直角坐标系的社区地图可以作为舞台背景，居民分布点卡牌与公益书报亭卡牌可以作为两个角色，我们再增加一个按钮角色用于控制每一次迭代。同时，在设置居民分布点造型与公益书报亭的编号时，可以有意识地将两者进行关联，比如，设置黄色居民分布点造型编号 = 黄色公益书报亭造型编号 +1。我们可以打开本书配套资源包，找到第 4 章中的“公益书报亭选址程序（初始化）.syc”文件，看到初始化的舞台背景、角色及造型列表（图 4-86）。

2. 程序设计

程序设计的过程也就是实现 K-Means 算法的一般步骤的过程。

第 1 步：根据样本特征定位。

第 2 步：确定簇数 K，并初始随机选取簇中心位置。

第 3 步：计算样本与簇中心的距离，选择最近簇。

第 4 步：对每个新簇，计算簇内所有样本的平均值，得到新的簇中心位置。

第 5 步：重复第 3 与第 4 步，进行迭代，直至簇中心位置不再变化。

接下来我们开始编写程序。

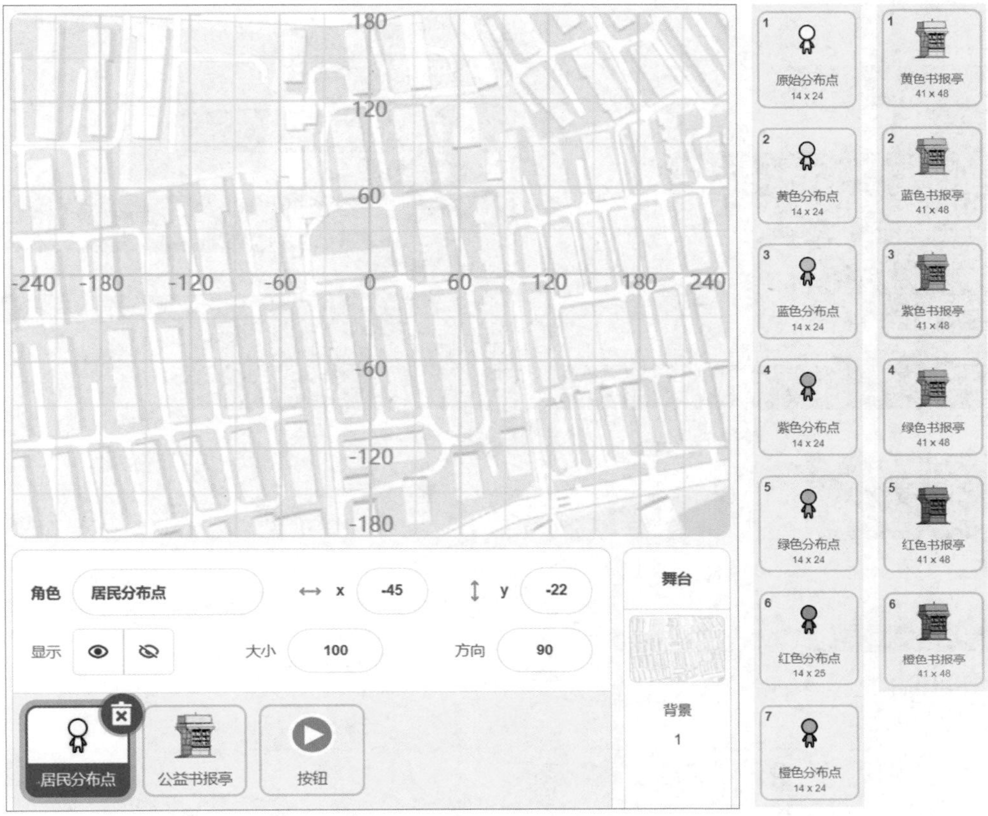

图 4-86　舞台背景、角色及造型的设置

第 1 步：根据样本特征定位。

在不插电小游戏中，我们通过 10 张带有（X，Y）坐标的居民分布点卡牌进行居民分布的定位，而在图形化编程时，我们可以通过对角色居民分布点进行编程，随机产生居民分布点的数量，并且赋予每个居民分布点随机的坐标位置。这些可以使用克隆积木来实现，需要注意的是，生成随机位置时，要避免出现重叠或贴近舞台边缘的情况（图 4-87）。

这里为了方便后续计算，我们需要用到变量、列表来记录每个克隆体的编号以及每个克隆体的 X 坐标和 Y 坐标。

居民分布点编号 和 随机克隆的居民分布点数量 是适用于全部角色的全局变量；

克隆体编号 是仅适用于当前角色的局部变量。

这样我们就完成了第 1 步“根据样本特征定位”，来看看程序效果吧（图4-88）。

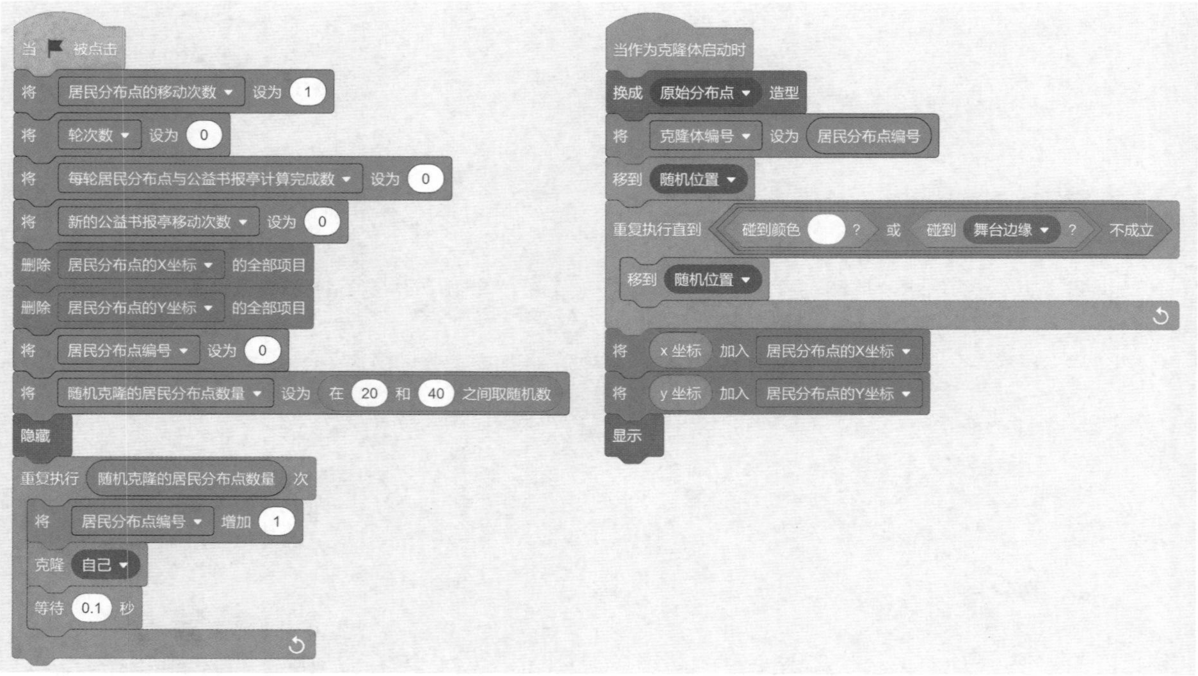

图 4-87　根据样本特征定位的程序

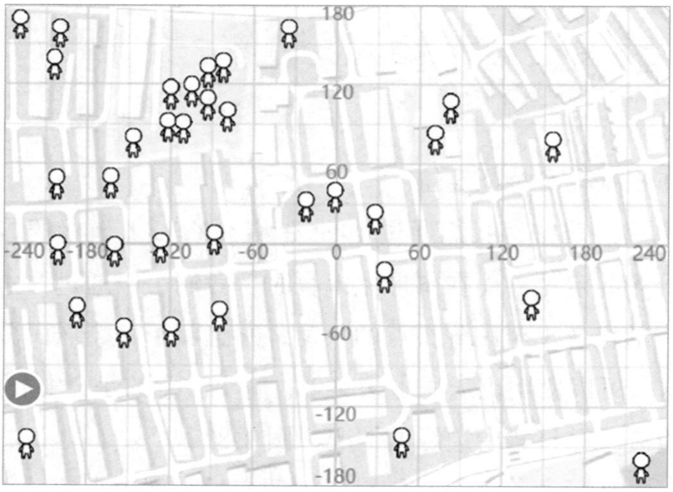

图 4-88　“根据样本特征定位”程序效果图

第 2 步：确定簇数 K，并初始随机选取簇中心位置。

这里我们可以再分成两步。

第①步先确定簇数，也就是确定公益书报亭的数量。对角色公益书报亭进行编程，可以将簇数设定在 1~6，如果输入的数字不是 1~6，可以提示用户重新输入（图 4-89）。

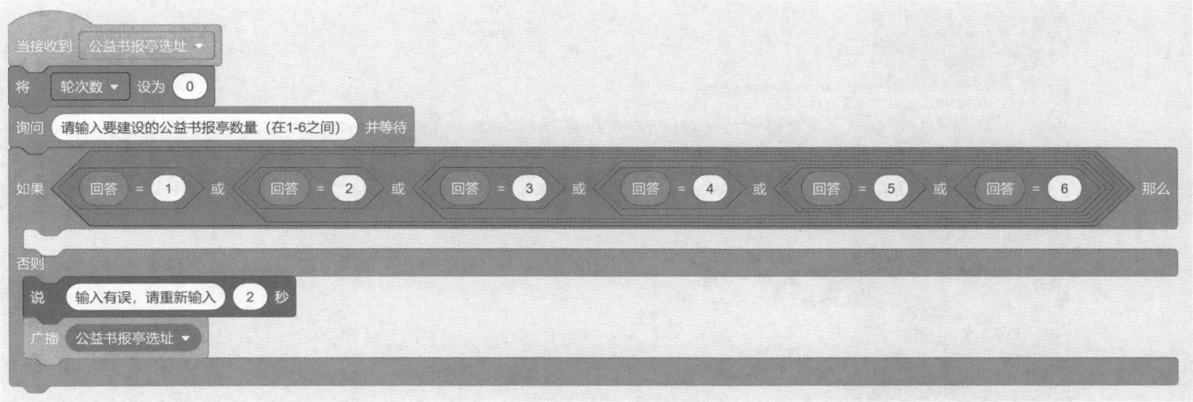
当接收到 公益书报亭选址
将 轮次数 设为 0
询问 请输入要建设的公益书报亭数量（在1-6之间） 并等待
如果 回答 = 1 或 回答 = 2 或 回答 = 3 或 回答 = 4 或 回答 = 5 或 回答 = 6 那么
否则
说 输入有误，请重新输入 2 秒
广播 公益书报亭选址

图 4-89　确定公益书报亭数量的程序

思考探索

簇数设定为 1 的含义是什么？在聚类时，簇数为 1 是否有意义？

第②步初始随机选取簇中心位置，这里可以模仿居民分布点的程序进行编程，同时不要忘记发送广播“公益书报亭选址”（图 4-90）。

这样我们就完成了第 2 步“确定簇数 K，并初始随机选取簇中心位置”，一起来看看程序效果吧（图 4-91）。

第 3 步：计算样本与簇中心的距离，选择最近簇。

接下来，我们需要计算每个居民分布点克隆体距离每个公益书报亭克隆体的距离。这里我们采用欧几里得距离进行计算。当然也可以采用其他距离计算方法，比如曼哈顿距离。

距离计算完成后，需要比较离哪个公益书报亭更近，当我们只有 2 个距离时，只需要进行简单的大小比较就能完成。那么，如果公益书报亭数量设置为 6，那么 6 个距离要怎么进行比较呢？擂台法就是一种多个数据间进行比较的常用方法。

知识拓展

擂台法

擂台法的思想是先将第 1 个数设为擂主（最大或最小值），然后与第 2 个数进行比较，2 个数中大（或者小）的数与第 3 个数进行比较，以此类推，直到所有数都完成比较，最终留下的那个数就是本轮擂台赛的最大（或最小）值。

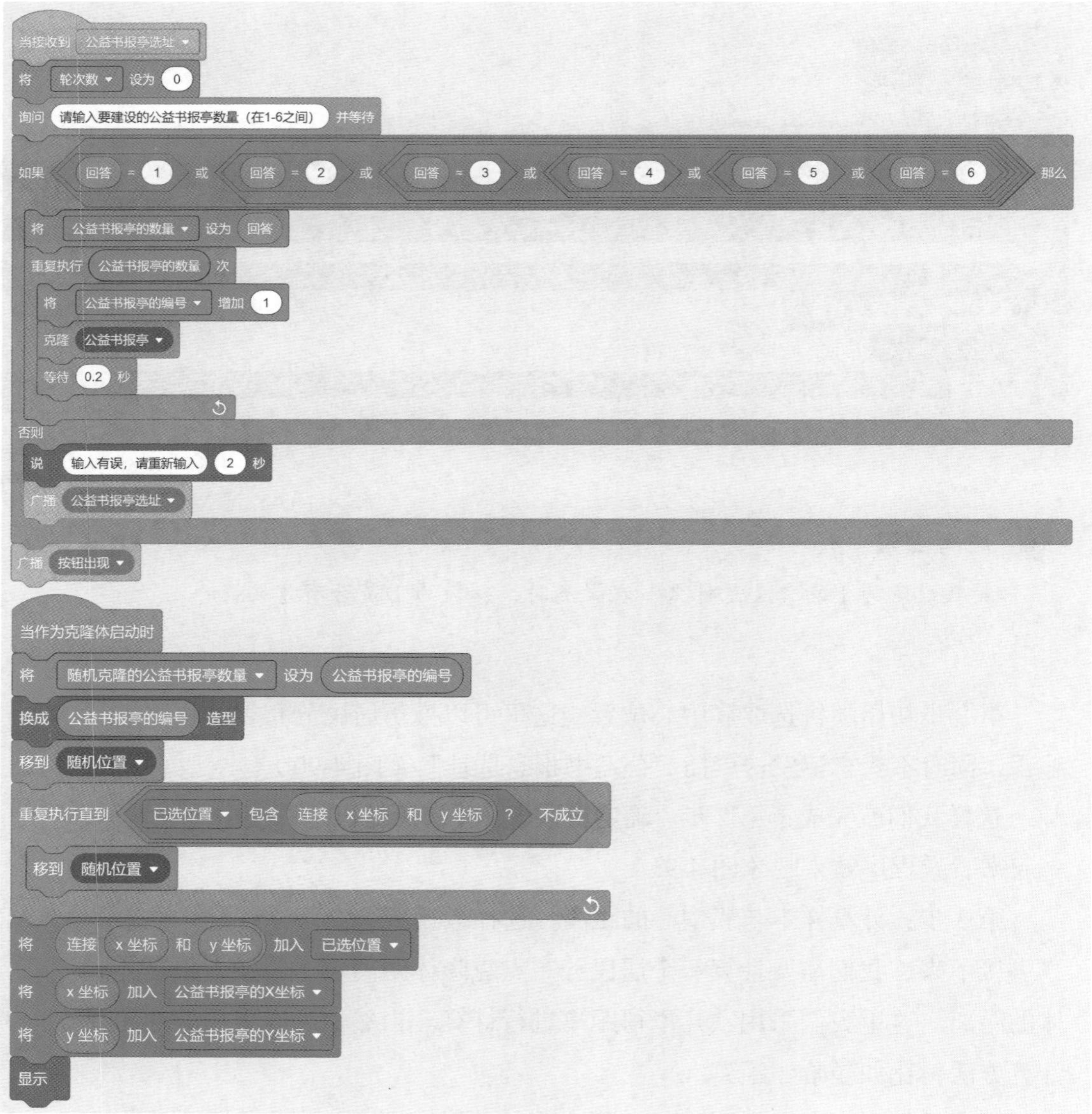
当接收到 公益书报亭选址
将 轮次数 设为 0
询问 请输入要建设的公益书报亭数量（在1-6之间） 并等待
如果 回答 = 1 或 回答 = 2 或 回答 = 3 或 回答 = 4 或 回答 = 5 或 回答 = 6 那么
将 公益书报亭的数量 设为 回答
重复执行 公益书报亭的数量 次
将 公益书报亭的编号 增加 1
克隆 公益书报亭
等待 0.2 秒
否则
说 输入有误，请重新输入 2 秒
广播 公益书报亭选址
广播 按钮出现
当作为克隆体启动时
将 随机克隆的公益书报亭数量 设为 公益书报亭的编号
换成 公益书报亭的编号 造型
移到 随机位置
重复执行直到 已选位置 包含 连接 x 坐标 和 y 坐标 ? 不成立
移到 随机位置
将 连接 x 坐标 和 y 坐标 加入 已选位置
将 x 坐标 加入 公益书报亭的X坐标
将 y 坐标 加入 公益书报亭的Y坐标
显示

图 4-90 随机放置公益书报亭的程序

请输入要建设的公益书报亭数量（在1-6之间）

图 4-91 “确定簇数 K，并初始随机选取簇中心位置”程序效果图

我们可以使用擂台法对角色居民分布点进行编程（图 4-92）。

这里我们除了需要知道最小距离的值，还需要知道是与哪个颜色的公益书报亭的距离最小，因此还需要记录最近的公益书报亭编号，并且将其 *X* 坐标和 *Y* 坐标分别加入最近公益书报亭的 *X* 坐标列表和 *Y* 坐标列表，以此实现加入该簇。

这样我们就完成了第 3 步“计算样本与簇中心的距离，选择最近簇”，一起来看看程序效果吧（图 4-93）。

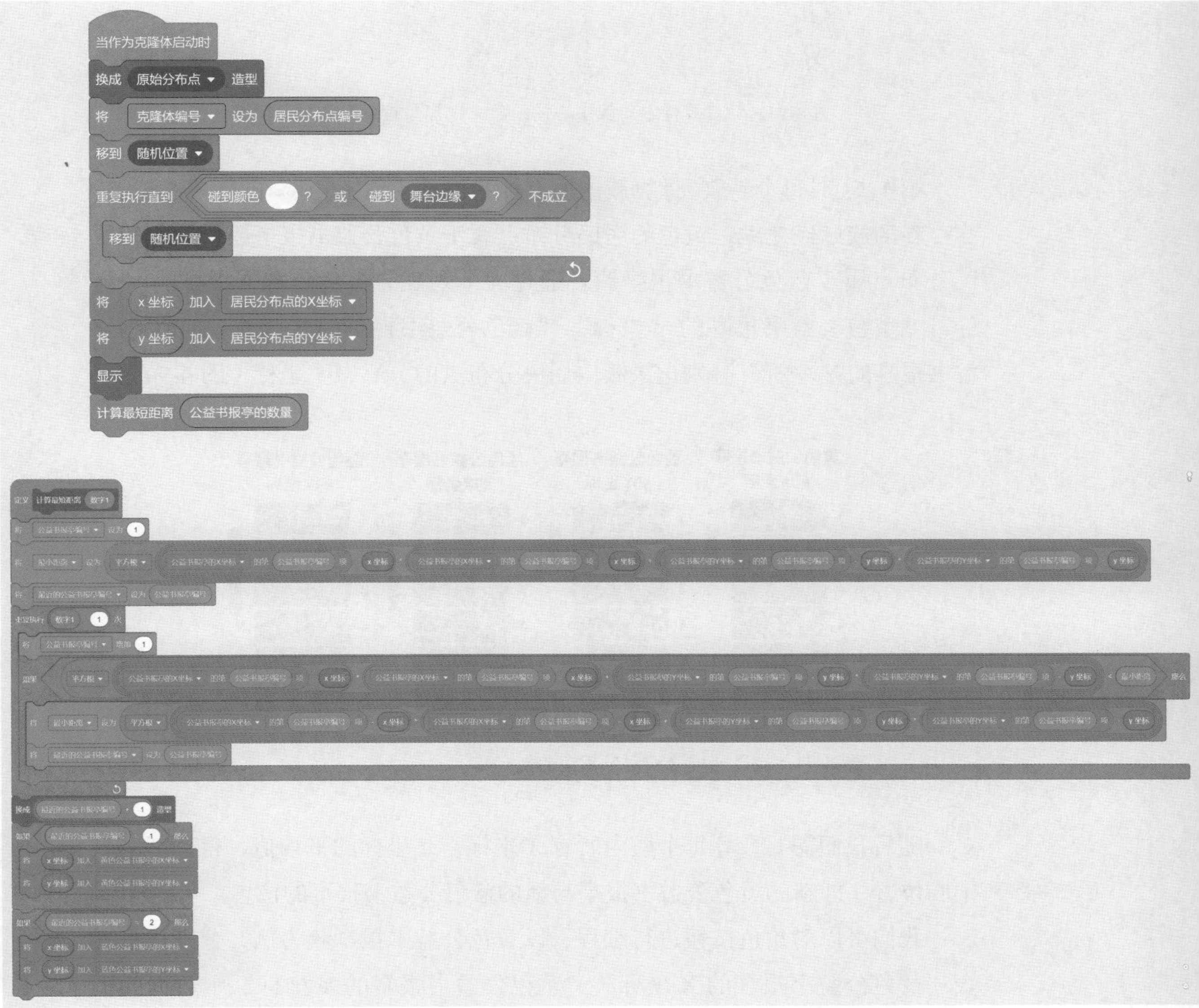

图 4-92 计算样本与簇中心的距离并选择最近簇的程序

图 4-93 “计算样本与簇中心的距离，选择最近簇”程序效果图

第 4 步：对每个新簇，计算簇内所有样本的平均值，得到新的簇中心位置。

新的簇已经建立，黄色的居民分布点属于黄色公益书报亭簇，蓝色的居民分布点属于蓝色公益书报亭簇。通过 4 个列表“黄色公益书报亭的 X 坐标”“黄色公益书报亭的 Y 坐标”“蓝色公益书报亭的 X 坐标”“蓝色公益书报亭的 Y 坐标”分别记录簇内居民分布点的（X，Y）坐标（图 4-94）。

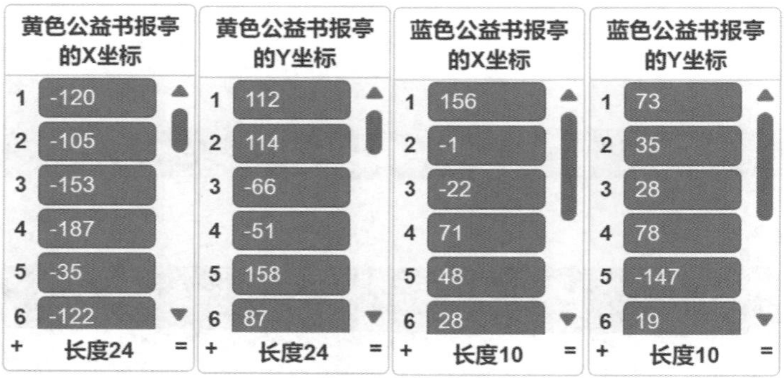

图 4-94 通过列表分别记录相应的坐标

随后我们需要计算每个簇内所有 X 坐标与 Y 坐标的平均值，得到新的簇中心位置，即新的黄色公益书报亭与新的蓝色公益书报亭的位置。

我们可以对角色按钮进行编程，以黄色公益书报亭簇为例，分别计算列表“黄色公益书报亭的 X 坐标”“黄色公益书报亭的 Y 坐标”中数据的平均值（图 4-95）。

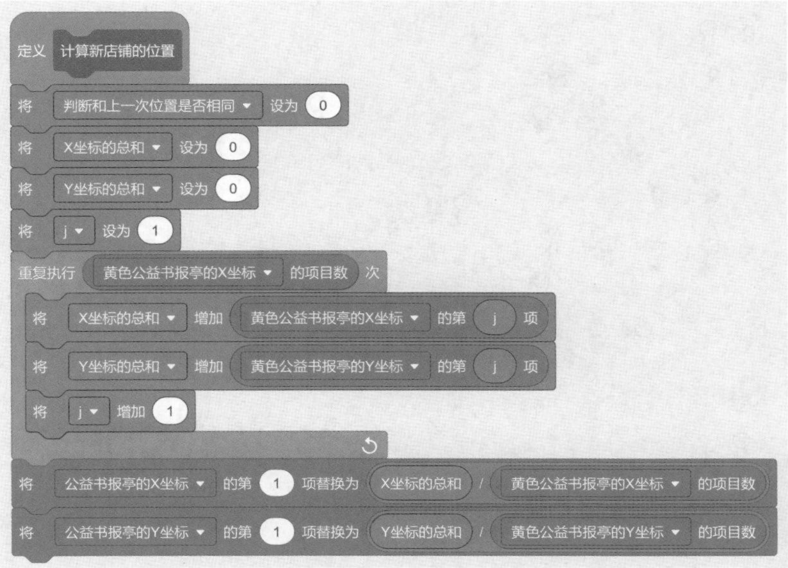

图 4-95　计算新的簇中心

平均值 = 列表内所有数总和 ÷ 列表内的项目数。

用变量 X坐标的总和 存放列表 黄色公益书报亭的X坐标 内所有数总和；

用变量 Y坐标的总和 存放列表 黄色公益书报亭的Y坐标 内所有数总和。

变量 j 用于遍历 2 个列表中的每一项。

最后将计算结果（即新的簇中心位置）存放在列表 公益书报亭的X坐标 与 公益书报亭的Y坐标 中的第 1 项。

思考探索

尝试模仿计算黄色公益书报亭簇平均值的程序，思考计算蓝色公益书报亭簇平均值的程序需要修改哪些内容？

这样我们就完成了第 4 步“对每个新簇，计算簇内所有样本的平均值，得到新的簇中心位置”，一起来看看程序效果吧（图 4-96）。

第 5 步：重复第 3 和第 4 步，进行迭代，直至簇中心位置不再变化。

最后我们需要重复第 3 和第 4 步进行迭代，通过 

积木可实现重复，迭代的出口就是所有簇的中心位置都与上一次的位置相同。因此，在计算每个新的簇中心位置时，需要判断这个新的位置是否等于上一次的位置。

图 4-96　“得到新的簇中心位置”程序效果图

图 4-97　判断与上一次位置是否相同

我们对角色按钮进行编程，以黄色公益书报亭簇为例，如果新位置和上一次位置相同，那么变量 判断和上一次位置是否相同 就增加 1（图 4-97）。

那么只有当变量 判断和上一次位置是否相同 与变量 公益书报亭的数量 相同时，即表示迭代完成，找到最佳的簇中心位置。

我们对角色居民分布点进行编程，修改与完善程序，实现“重复第 3 步，进行迭代，直至簇中心位置不再变化”（图 4-98）。其中，变量 轮次数 表示迭代的次数，变量 居民分布点的移动次数 表示居民分布点完成计算与簇中心的距离，选择最近簇的次数。

我们对角色公益书报亭进行编程，修改与完善程序，实现“重复第 4 步，进行迭代，直至簇中心位置不再变化”（图 4-99）。其中，变量 新的公益书报亭移动次数 表示完成第 3 步后准备进入第 4 步的迭代次数，变量 公益书报亭的移动次数 表示公益书报亭完成计算簇内所有样本的平均值，得到新的簇中心位置的次数。

这样我们就完成了第 5 步“重复第 3 和第 4 步，进行迭代，直至簇中心位置不再变化”，一起来看看程序效果吧（图 4-100）。

到这里，“公益书报亭选址”的程序就全部完成啦，完整的程序可以参阅本书配套资源包中第 4 章的“公益书报亭选址程序 .syc”文件。

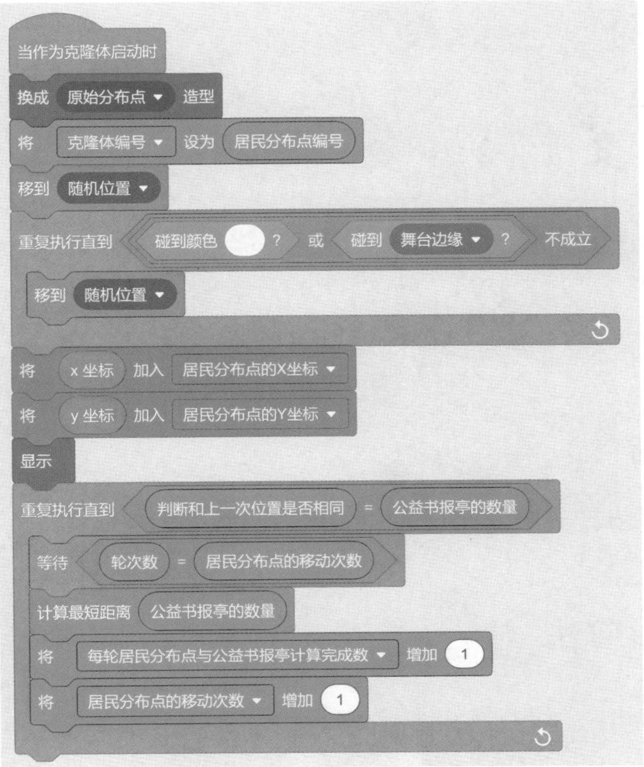

图 4-98　居民分布点角色的迭代判断

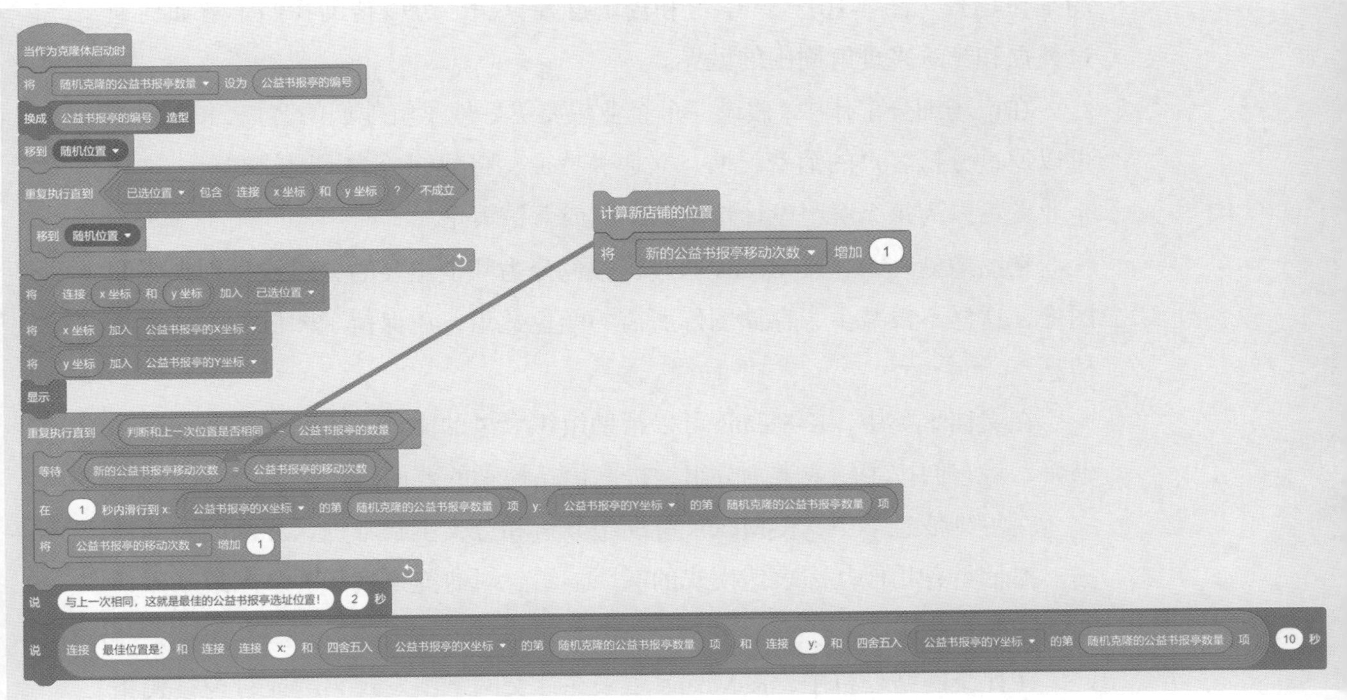

图 4-99　公益书报亭角色的迭代判断

图 4-100 “重复第 3 和第 4 步，进行迭代，直至簇中心位置不再变化”程序效果图

4.2.3 更多关于 K-Means 算法

1. K-Means 算法的应用

K-Means 算法是数据科学领域的一个基本工具，被广泛应用于各种不同的工作场景（图 4-101）。学习和理解这种算法，可以帮助我们了解如何通过数据和算法来理解周围的世界。

在市场细分工作中，假设一个企业想要更好地了解他们的客户，K-Means 可以通过分析客户的消费习惯、兴趣等特征，将他们分为不同的群组，这样企业就可以为每个群组设计特定的产品或营销策略。

在图像处理中，K-Means 通过将颜色分为几个主要的分组或类别来压缩图像，这样不仅减少了存储图像所需的颜色数量，还保留了图像的主要视觉信息。

在文档聚类中，K-Means 可以帮助组织大量的文档，如图书馆的文章和书籍，将它们按主题或类别分组，提高信息检索的效率。

在生物信息学中，K-Means 有助于分析和分类生物数据，如基因表达数据，揭示具有相似基因表达模式的基因群组，对研究疾病相关基因或基因功能预测非常有用。

在社交网络分析中，K-Means 用来在社交网络中发现兴趣或行为模式相似的用户群体，提高推荐系统的准确性和用户体验。

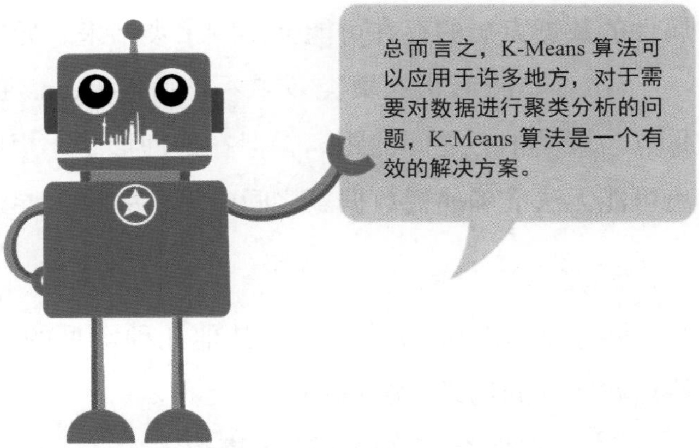

图 4-101　K-Means 算法的应用广泛

2. K-Means 算法的优势与局限

在实际应用中，K-Means 算法具有一些明显的优势，同时也存在着一些局限性。

（1）K-Means 算法的优势

① 简单而高效：K-Means 算法在处理大规模数据集时表现出色，主要因为它可以并行计算，将任务分配给多个处理单元同时执行，加快处理速度。这对大数据集尤为重要，因为数据量越大，K-Means 的计算复杂度随之增加。

② 易于理解和实现：K-Means 算法的基本思想直观易懂，实现起来相对简单，不需要复杂的参数设置。

③ 可扩展性强：K-Means 算法能够处理大规模数据集，并且具有较好的可扩展性，适用于多个领域和应用场景。

④ 聚类效果可观察：通过计算样本与聚类中心的距离，可以直观地观察 K-Means 算法的聚类效果。

（2）K-Means 算法的局限性

① 对初始聚类中心敏感：不同的初始聚类中心可能导致不同的聚类结果，有时只能得到局部最优解。

② 需要预先确定聚类数目：K-Means 要求预先设定聚类的数量（K 值），而在实际应用中确定合适的 K 值往往是一个挑战。

③ 对异常值敏感：异常值（即与其他数据点相比具有明显不同特征或属性的数据点）的存在可能会影响聚类结果，导致聚类中心偏移。

④ 对非凸形状的聚类效果不佳：K-Means 通常使用欧几里得距离来衡量点与聚类中心之间的距离，但在处理形状不规则的数据集时，欧几里得距离可能无法准确捕捉数据点之间的真实关系，导致聚类效果不理想。

3. 其他聚类算法

除了 K-Means 算法，还有其他几种常见的聚类算法，它们都有各自的特点和适用的场景（图 4-102）。

① 层次聚类：这种算法像搭积木一样，从单个数据点开始，逐渐将最接近的数据组合在一起，形成一个大簇。它不需要事先决定有多少个簇，非常适合那些我们不知道有多少类别的情况。

② 谱聚类：这种算法先将数据“移动”到一个新的空间，使原本难以区分的数据变得容易分开。它特别适合处理那些形状不规则的数据群。

③ 混合高斯聚类：这种算法假设所有的数据点都是由几个不同的圆圈（高斯分布）混合在一起的。通过找出这些圆圈的中心和大小，算法可以决定每个数据点属于哪个圆圈，即属于哪个簇。

这些聚类算法都有不同的特点和适用场景，选择合适的算法取决于具体的问题和数据（图 4-102）。

图 4-102 选择合适的聚类算法

4.3 Q-Learning 算法

在人工智能领域的机器学习中，除了监督学习和无监督学习之外，还有多种其他学习方式。其中，强化学习因其深入的研究和广泛的应用而特别受到关注。

强化学习是机器学习中的一个独特领域，它专注于如何基于环境反馈来优化决策过程。在这个过程中，机器需要自行探索并发现哪些行为能够最有效地完成给定的任务。在本节中，我们将探索强化学习中的一种重要算法——Q-Learning 算法，中文称为 Q 学习算法，这是一种专门用于优化机器学习决策过程的方法。

4.3.1 认识 Q-Learning 算法

我们在《走进人工智能》第 2 章中曾介绍过强化学习，现在我们需要对强化学习有更为深刻的认识，并由此开始 Q-Learning 算法的学习。

1. 再看强化学习

在一个蜂巢迷宫中，每次可以走入一个蜂房，迷宫只有一个出口。小能需要从入口进入迷宫，并最终从出口走出迷宫。假设小能对迷宫的结构一无所知，这个时候，可以用人工智能中的强化学习算法来帮忙探索出一条通道（图 4-103）。

我们人类在学习一项新的技能时，往往有一个尝试和改进的过程（图 4-104）。比如婴儿肚子饿了哇哇大哭起来，这时妈妈如果听懂了这是

图 4-103 探索蜂巢迷宫的出口

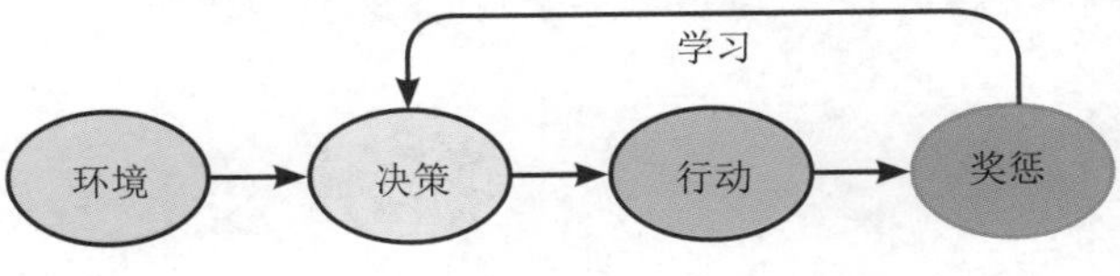

图 4-104 强化学习的一般过程

婴儿在表达饥饿，马上递上了奶瓶，婴儿发现自己的啼哭得到了奖励，多次尝试后就学会了表达饥饿的方法。同样，小孩子如果每次把玩具往地上扔，都会得到妈妈的批评，那么小孩子就能慢慢学会不能随意扔东西这样的行为规则。这种尝试行动并获得奖惩的学习过程给了科学家灵感，如果计算机也能通过这种方法来学习，将会是怎样呢？于是强化学习诞生了。

我们通过训练小狗捡球这个例子再来看一看强化学习。小狗学会听主人的命令将抛出的球捡回，就可以被看作一组强化学习的结果。在这里，环境、决策、行动和奖惩如下。

环境：主人将球扔出去，小狗需要准确找到球落在何处。

决策：小狗决定是跑出去捡球，还是待在原地坐下。

行动：根据决策采取捡球或坐下的行动。

奖惩：如果小狗跑出去并把球捡回来交还给主人，那它将得到一块肉骨头作为奖励。如果小狗没有跑去捡球，只是待在原地，可能主人会摇摇头，表示很失望，或者批评小狗，那小狗就会知道自己的反应是错的。

经过多次训练，小狗会根据奖惩思考捡球比较好，还是坐下更好，并不断学习尝试（图 4-105）。

在这个过程中，小狗选择捡球或是坐下的依据，可以看成对这两个行为的评分。我们可以大致描述不同决策评分的变化情况：假设小狗第 1 次被

图 4-105　训练小狗学习捡球

表 4-1 假设小狗学习捡球过程中对不同行为的评分情况

决策	第 1 次	第 2 次	第 3 次	……	第 10 次
捡球	0.5	0.6	0.7	……	1.4
坐下	0.5	0.4	0.3	……	-0.4

多给我一点鼓励，
我就能学会捡球！

图 4-106 小狗学习捡球的动力

训练，捡球和坐下的评分一样，都为 0.5 分。小狗第 2 次被训练，如果捡回球得到一块肉骨头，则评分+0.1 分；如果坐下被主人批评，则评分将 -0.1 分。评分变化情况如表 4-1 所示。

训练的次数越多，捡球和坐下两个行动的得分差距就越来越大。经过足够多的训练，小狗每次都会选择评分最高的决策来采取行动了（图 4-106）。

那么怎样让计算机也能根据环境、决策、行动和奖惩来找到最优的策略呢？

科学家们引入了马尔可夫链这一数学模型来帮助计算机建立决策模型，并使用贝尔曼方程来建立一组“状态 - 动作”函数，计算出每一个状态下每一个不同行动的评分，评分就体现了该行动的价值，评分用 Q 表格来表示。这种强化学习的算法因此得名为 Q-Learning 算法。Q-Learning 算法的目标是通过不断的试错和学习来更新 Q 表格，最终能够学习到在每个状态下选择最优的行动。由此，计算机在这个技能上，从一个完完全全的“小白”，一步步将自己训练成了“大牛”。

2. 从 Q 表格认识 Q-Learning 算法

Q-Learning 算法中，通过行动获得的奖惩来建立对行动的评价体系，将每次行动的评分记录在表格内，再根据表格内的评分来指导行动，不断更新完善的 Q 表格引导着算法得出最佳的行动策略。

知识拓展

马尔可夫链和贝尔曼方程

安德雷·安德耶维齐·马尔可夫是一位俄国数学家，以提出马尔可夫链的概念而闻名。马尔可夫链中有一系列的状态，而系统会随机地从一个状态 S 转移到另一个状态 S'。这种转移的特点是“无记忆性”的，即下一个状态的选择只取决于当前的状态，而与之前的状态无关。比如在图 4-107 所示的蜂巢迷宫中，蜜蜂下一步是否能走到红色巢穴，只取决于它现在是否在黄色巢穴，而与它之前在哪个巢穴无关。

后来，美国数学家理查德·贝尔曼提出了马尔可夫决策过程（MDP）。在这个决策模型中，包含状态集 S、行为集 A、状态转移概率矩阵 $\boldsymbol{P}$、奖励函数 R、折扣率 γ。贝尔曼方程帮助我们找到在每个状态下采取哪种行为可以获得最大收益。这个方程是递归的，通常通过动态规划（DP）算法来求解。

图 4-107 蜂巢迷宫游戏中的马尔可夫链

Q 表格是一个动态变化的表格，表格中的 Q 值使用贝尔曼方程来计算获得：

$$Q(s,a) = Q(s,a) + \text{rate} \times [\text{reward} + \text{gamma} \times \max Q(s',a') - Q(s,a)]$$

公式中的一些参数值是提前设置的。修改这些参数值，将对学习的效率和学习的结果产生非常重要的影响（表 4-2）。

rate（学习率）的值如果过大，算法将忘记之前学习过的知识，只注重当下。rate 的值如果过小，算法将花费过长时间来学习新知识。例如，在训练小狗捡球的例子中，学习率大一些，小狗可能更快学会捡球。但是在蜂巢迷宫游戏中，有些蜂巢中还藏有蜂蜜，如果太急于走出迷宫，则会遗憾地错过甜甜的蜂蜜了。因此，需要根据具体应用场景来设置学习率的值。

表 4-2　贝尔曼方程中的参数及其含义

参　数	含　义
s	state，当前状态
a	action，当前执行动作
$Q(s, a)$	当前状态 s 和动作 a 对应的 Q 值
rate	学习率，取值范围是 0~1，它决定了新的信息对 Q 值更新的影响程度
reward	执行动作 a 后立即获得的奖励或惩罚
gamma	折扣率，取值范围是 0~1，它衡量未来奖励的重要性
s'	采取动作 a 后达到的新状态
max $Q(s',a')$	在下一个状态 s' 中所有可能动作 a' 的最大 Q 值

gamma（折扣率）的值越大则越关注长期奖励。它可以避免算法过于“短视”，只注重当下决策获得的奖励而忽略长期奖励。如果在蜂巢迷宫的游戏中，我们再设置一个计时项目，或者假设每走一步都会消耗一点体力，则选择最优路线时还要考虑在所花时间、体力消耗和获得蜂蜜之间找到一个平衡。

我们来体验一下使用 Q-Learning 算法训练计算机完成一个简单的“接苹果”游戏。

游戏规则

假设这个游戏只在一个 3 行 ×3 列的表格中进行，苹果从第 1 行掉落到第 3 行，一只碗在第 3 行左右移动以接住苹果（图 4-108）。通过算法，训练碗来学习提高接住苹果的概率。

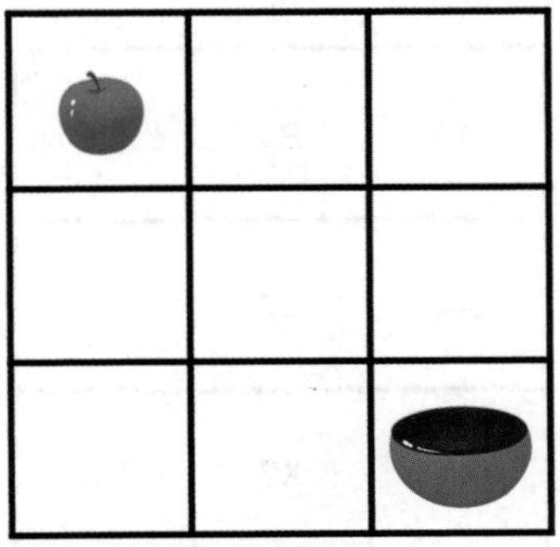

图 4-108　“接苹果”游戏示意图

思考探索

在“接苹果”游戏中，你能说出环境、决策、行动和奖惩分别是什么吗？

先不要急着往下看，可以先试着说一说哦！

环境：苹果从上掉落，每次往下移动 1 格，碗要在苹果掉落至第 3 行时接住苹果。

决策：选择向左走还是向右走。

行动：根据决策选择向左或向右，最终碗和苹果处在同一位置，接到苹果。

奖惩：每移动一次，奖励 −5（可以理解为消耗 5 点体力），如果最终接到苹果，获得奖励 100。

训练过程

Q-Learning 算法中 Q 表格的更新流程如图 4-109 所示。

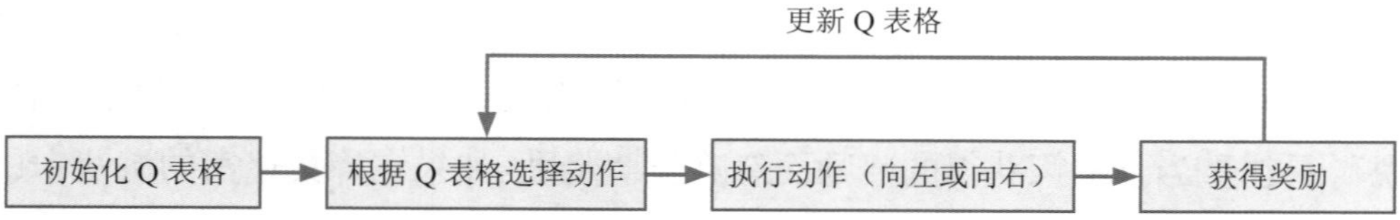

图 4-109　Q-Learning 算法中 Q 表格的更新流程

开始游戏

让我们来尝试来制作 Q 表格，看看如何使用 Q 表格学习接住苹果吧。

①把游戏中的 9 个格子进行编号（图 4-110）。

碗可以位于 3 个位置：X1，X2，X3。苹果可以位于 9 个位置：A1，A2，B1，B2，C1，C2 和 X1，X2，X3。由此，根据苹果从上至下掉落的规则，苹果和碗的相对位置共有 27 种情况，这种相对位置可以看作游戏中碗所处的状态 state（表 4-3）。

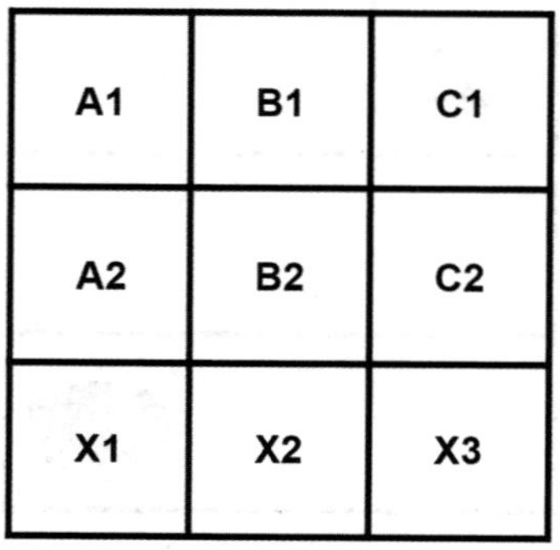

图 4-110　接苹果游戏中的位置编号

表 4-3　接苹果游戏中的状态编号

碗的位置	苹果的位置								
	A1	A2	X1	B1	B2	X2	C1	C2	X3
X1	s_1	s_2	s_3	s_4	s_5	s_6	s_7	s_8	s_9
X2	s_{10}	s_{11}	s_{12}	s_{13}	s_{14}	s_{15}	s_{16}	s_{17}	s_{18}
X3	s_{19}	s_{20}	s_{21}	s_{22}	s_{23}	s_{24}	s_{25}	s_{26}	s_{27}

碗在游戏中的动作可以有向左走（Left）、向右走（Right）或者静止（Stay）3 种情况，可以根据每一种“状态 - 动作”对制作出 Q 表格。根据规则，碗不能移动出游戏区域范围以外，所以碗在 X1 位置不可再往左移动，在 X3 位置不可再往右移动。游戏开始时，可以将所有 Q 值初始化为零（表 4-4）。

表 4-4　初始化 Q 表格

状　态	动　作		
	L（向左）	R（向右）	S（静止）
s_1	0	0	0
s_2	0	0	0
s_3	0	0	0
s_4	0	0	0
…	…	…	…
s_{27}	0	0	0

② 游戏起始时，苹果随机出现在 A1，B1 或 C1 中，碗则随机出现在 X1，X2 或 X3 中。可以假设，苹果在 B1，碗在 X1，参照表 4-3，此时碗处于状态 s_4（图 4-111）。

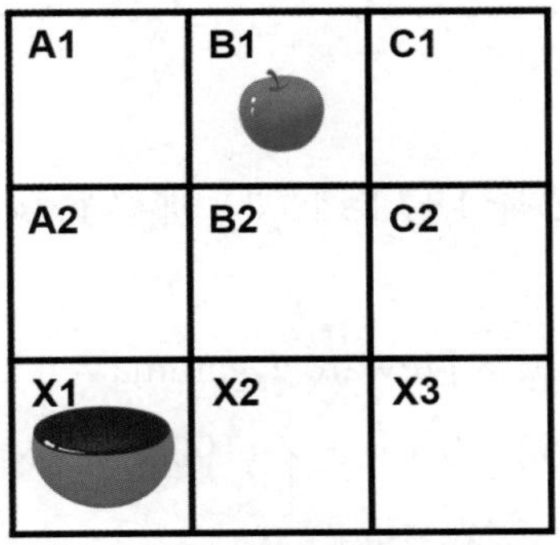

图 4-111　某次游戏的开始状态

Q 表格里的初始值全部为零，所以碗将采取随机动作。假设选择了向右走，根据公式，可以求得 $Q(s_4, R)$ 的值：

$$Q(s,a) = Q(s,a) + \text{rate} \times [\text{reward} + \text{gamma} \times \max Q(s',a') - Q(s,a)]$$

式中

—— $Q(s,a) = 0$。

—— 采取向右走的行动之后，碗的位置将会变成 X2，苹果将掉落到位置 B2， 下一个状态 s' 为 s_{14}，此时 s_{14} 状态所有 Q 值都为零。因此，$\max Q(s',a') = 0$。

—— reward = −5。 假设苹果每移动一次，离底部更进了一步，得分概率降低。

—— rate 可以设置为 0.9。

—— gamma 可以设置为 0.5。

由此，计算得到 $Q(s_4, R)$ 的值为

$$Q(s_4, R) = 0 + 0.9 \times (-5 + 0.5 \times 0 - 0) = -4.5$$

③ 苹果继续掉落到位置 B2，此时碗的状态为 s_{14}（图 4-112），继续随机选择向左走、向右走或者停止不动。

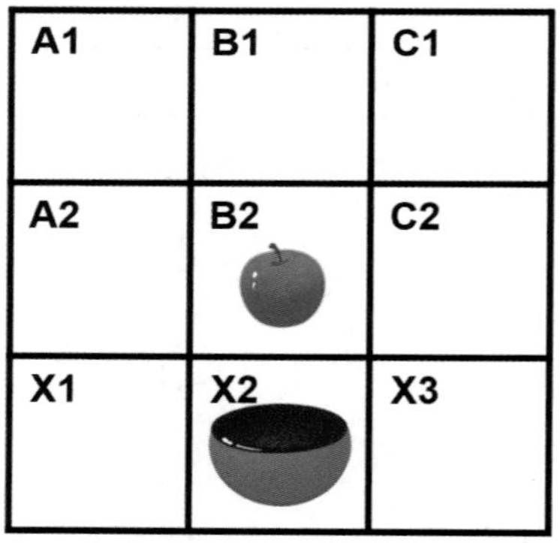

图 4-112　苹果掉落一次后的状态

假设，此时碗恰好选择了停止不动，那么将接住苹果，获得奖励 100，根据公式再次计算 Q 值：

$$Q(s,a) = Q(s,a) + \text{rate} \times [\text{reward} + \text{gamma} \times \max Q(s',a') - Q(s,a)]$$

$$Q(s_{14}, S) = 0 + 0.9 \times (100 + 0.5 \times 0 - 0) = 90$$

可以将 Q 表格更新，如表 4-5 所示。

表 4-5　第 1 次游戏结束后 Q 表格更新情况

状　态	动　作		
	L（向左）	R（向右）	S（静止）
s_1	0	0	0
s_2	0	0	0
s_3	0	0	0
s_4	0	-4.5	0
…	…	…	…
s_{14}	0	0	90
…	…	…	…
s_{27}	0	0	0

④ 游戏再次开始，重复步骤②、步骤③，每一次行动后 Q 表格中的值都将获得更新。每一次重新开始游戏，公式中对于下一个“状态－动作”对是根据 $\max Q(s',a')$ 来做出选择，因此碗将选择 Q 表格中 Q 值最大的那个动作。200 次迭代之后，碗在游戏中接住苹果的成功率也越来越高（图 4-6）。

表 4-6　200 次游戏结束后 Q 表格更新情况

状　态	动　作		
	L（向左）	R（向右）	S（静止）
s_1	0	0	5
s_2	0	0	100
s_3	0	0	0
s_4	0	45	-4.5
s_5	0	0	-4.5
s_6	0	0	0
s_7	-4.5	45	-4.95
s_8	-4.5	-4.5	-4.5
s_9	0	0	0
s_{10}	-4.5	-6.525	45
s_{11}	100	-4.5	-4.5
s_{12}	0	0	0
s_{13}	0	0	45
s_{14}	0	0	100
s_{15}	0	0	0
s_{16}	0	45	-4.5
s_{17}	0	100	-4.5
s_{18}	0	0	0
s_{19}	45	-6.975	-7.02
s_{20}	-4.95	-4.95	-4.95
s_{21}	0	0	0
s_{22}	-4.5	45	-4.95
s_{23}	100	-4.5	-4.5
s_{24}	0	0	0
s_{25}	0	45	-4.5
s_{26}	0	0	100
s_{27}	0	0	0

4.3.2 Q-Learning 的编程实现

在前面的学习中，我们已经了解了 Q-Learning 算法的基本原理，接下来我们将使用 Yocoding 图形化编程软件来实现这个“接苹果”游戏。

1. 创建角色

打开 Yocoding 图形化编程软件，创建 3 个角色：碗、苹果和格子，我们也可以打开本书配套资源包，找到第 4 章中的“接苹果游戏程序（初始化）.syc”文件（图 4-113）。

图 4-113 创建角色

2. 创建 Q 表格

（1）定义状态

在之前的学习中，我们知道游戏中的位置共有 9 个，在图形化编程中，可以通过角色在舞台上的 X 坐标和 Y 坐标来定义苹果与碗的位置（图 4-114）。游戏中的状态共有 27 个，分别是碗与苹果的 27 种相对位置，每个状态中碗的坐标和苹果的坐标都是确定的，这里用一个列表记录这 27 种相对位置关系。打开本书配套资源包，找到第 4 章中的“状态（坐标信息）.txt”文件，其中记录了所有状态下的坐标信息（图 4-115）。例如，s_1 状态标识为 -75-7575，其中，第一个“-75”是碗的 X 坐标；第二个“-75”是苹果

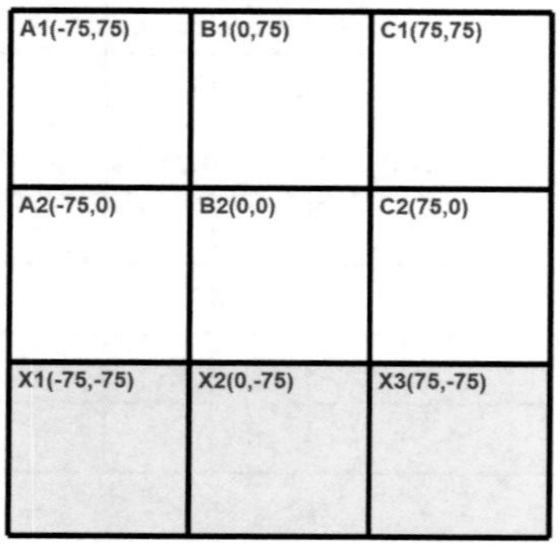

图 4-114 游戏中的 9 个位置

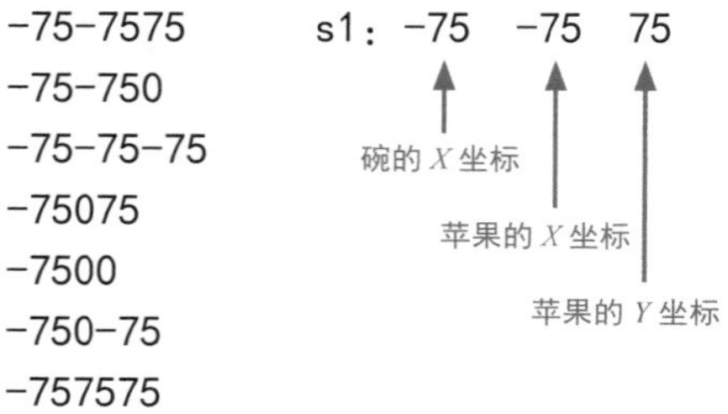

图 4-115 状态与碗和苹果的坐标的对应情况

的 X 坐标；第三个“75”是苹果的 Y 坐标。碗只在水平方向上移动，只有 X 坐标发生变化，Y 坐标不变，因此碗的 Y 坐标忽略不计。

（2）建立 Q 表格

前面在表 4-4 中呈现了这个游戏的 Q 表格信息，那么在图形化编程中如何建立这样一个 27 行 ×4 列的 Q 表呢？

由于在 Yocoding 图形化编程软件中没有创建表的积木，我们可以创建 4个列表来实现一个 4 列表的功能（图 4-116）。

将“状态（坐标信息）.txt”文件导入“状态 state”列表中，如图 4-117 所示。

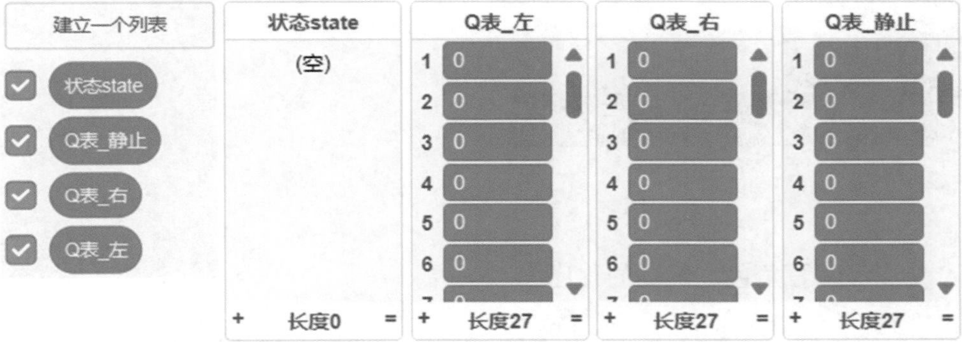

图 4-116　创建 Q 表格

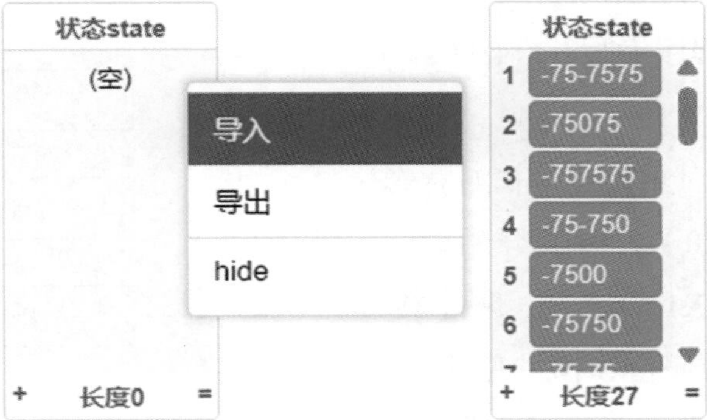

图 4-117　列表“状态 state”数值导入

3. 游戏的算法实现

（1）编写角色“格子”和“苹果”的程序

苹果出现在 A1（−75，75），B1（0，75），C1（75，75）任意一格，垂直掉落。格子的坐标与碗、苹果的坐标密切相关，因此要固定格子的坐标（图 4-118）。

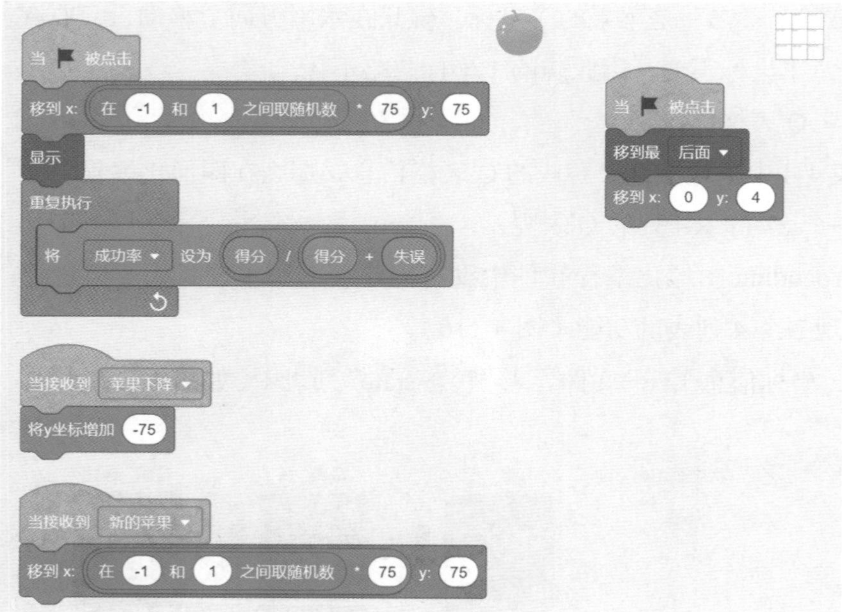

图 4-118　苹果和格子的程序

（2）编写角色“碗”的程序

回顾前面学习过的 Q-Learning 算法的训练过程和 Q 表格中值的计算公式，接下来我们将根据这些流程来完成角色“碗”的程序编写（图4-119）。

① 角色的初始化。

我们首先要对角色进行初始状态的设置（图 4-120），游戏开始时，碗将随机出现在 X1，X2，X3 位置中。

② 初始化 Q 表格和相关变量。

“Q 表 _ 左”“Q 表 _ 右”“Q 表 _ 静止”三个列表中的初始值均设置为零。同时还要分别将贝尔曼公式中的各个参数也设置初始值：先创建以下变量，然后进行初始化（表 4-7，图 4-121，图4-122）。

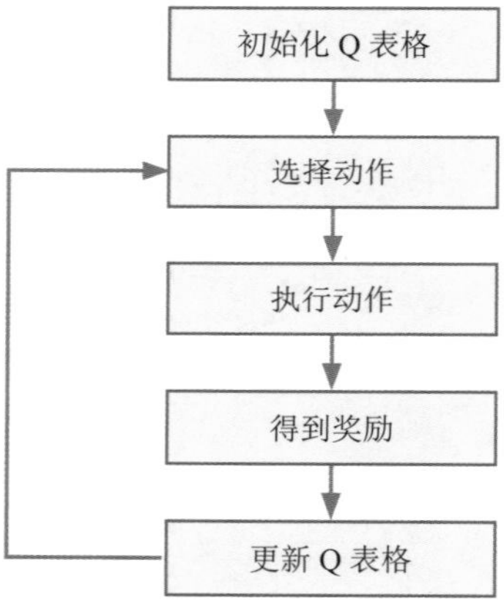

$$Q(s,a)=Q(s,a)+\text{rate}\times[\text{reward}+\text{gamma}\times\max Q(s',a')-Q(s,a)]$$

图 4-119　Q-Learning 算法流程及 Q 值计算公式

图 4-120　游戏开始时碗的位置

表 4-7　创建的变量及初始化内容

变　量	描　述
得分	记录成功接到苹果的次数
失误	记录碗失误的次数
动作action	取值为 1，2，3，分别对应动作向左、向右、静止
奖励reward	每移动一步为 -5，如果接到苹果奖励为 100
学习率rate	预设值 0.9
折扣率gamma	预设值 0.5
Q(s,a)编号	根据当前碗的 *X* 坐标、苹果的 *X* 和 *Y* 坐标，搜索列表“状态 state”中对应的值的编号
Q(s1,a1)编号	根据下一个状态的碗的 *X* 坐标、苹果的 *X* 和 *Y* 坐标，搜索列表“状态 state”对应的值的编号
maxQ(s1,a1)	下一个状态中三个列表“Q 表 _ 左”“Q 表 _ 右”“Q 表 _ 静止”中的最大值

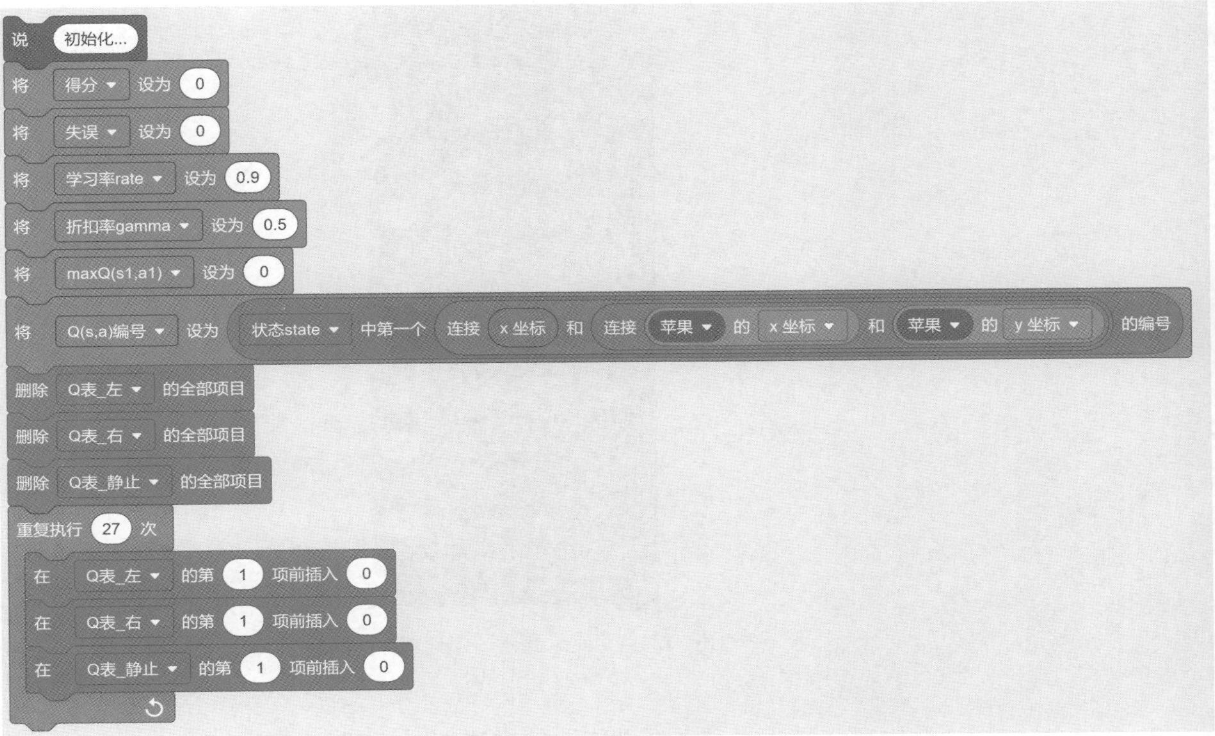

图 4-121　初始化 Q 表格和相关变量的程序

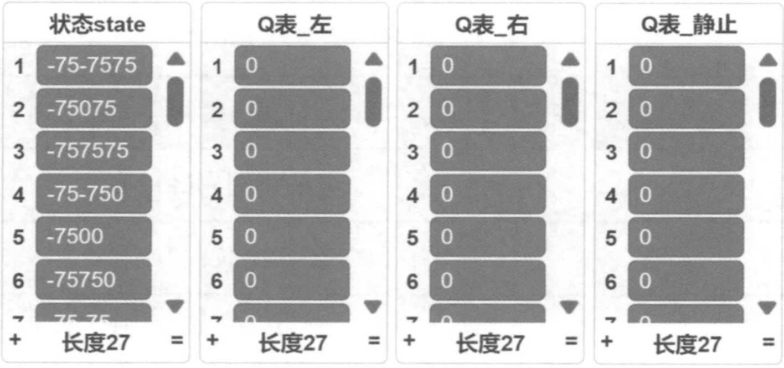

图 4-122 初始化后的 Q 表格

③ 选择动作。

如图 4-123 所示，自定义积木“选择动作”，包含三个参数“left”“right”“stay”，它表示在当前状态下，求出 Q 表 _ 左、Q 表 _ 右、Q 表 _ 静止这三个列表中最大的 Q 值，以决定碗接下来的动作。

如果参数“left”最大，变量“动作 action”设为 1，碗往左移动。

如果参数“right”最大，变量“动作 action”设为 2，碗往右移动。

如果参数“stay”最大，变量“动作 action”设为 3，碗静止不动。

图 4-123 自定义积木“选择动作”的程序

调用自定义积木“选择动作”的方法如图 4-124 所示。

图 4-124　“选择动作”积木的使用方法

④ 执行动作。

如图 4-125 所示，自定义无参数积木“执行动作”，通过碗的 *X* 坐标以及变量“动作 action”进行判断。

如果碗在环境 X2 或者 X3，并且“动作 action”为 1，就可以左移。

如果碗在环境 X1 或者 X2，并且“动作 action”为 2，就可以右移。

如果“动作 action”为 3，就静止不动。

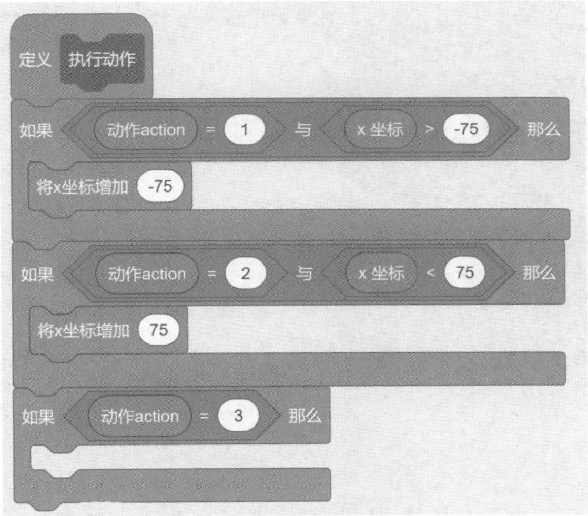

图 4-125　自定义积木“执行动作”的程序

⑤ 得到奖励。

如图 4-126 所示，自定义无参数积木“得到奖励”，设置变量“奖励 reward”为 −5，后续在更新 Q 表格环节，会修改变量“奖励 reward”的值。

图 4-126　自定义积木“得到奖励”的程序

⑥ 更新 Q 表格。

执行动作后，根据公式来更新 Q 表格的值。首先，计算变量“maxQ(s1, a1)”的值（图 4-127），在苹果下落的过程中，根据苹果与碗的坐标，查询列表“状态 state”中对应的值，找到该值的编号，赋值给变量“Q(s1, a1) 编号”，再选择该编号下的“Q 表 _ 左”“Q 表 _ 右”“Q 表 _ 静止”三个列表中的最大值，赋值给变量“maxQ(s1, a1)”。

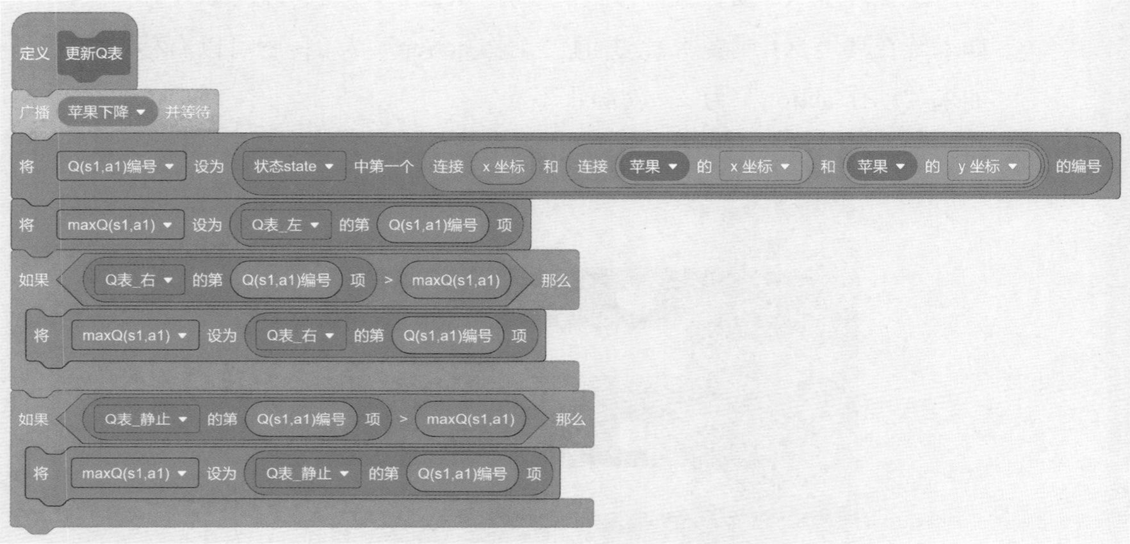

图 4-127　自定义积木“更新 Q 表”的程序

先判断苹果是否落地，当苹果的 *Y* 坐标移动到 −75 时，说明苹果落地了，此时判断苹果是否被碗接住。如果接住，变量“得分”+1，变量“奖励 reward”设为 100；如果没接住，变量“失误”+1。苹果落地后，生成新的苹果，播放广播“新的苹果”，再次开始游戏。同时根据变量“动作 action”的值、变量“奖励 reward”的值和贝尔曼方程的公式更新 Q 表格，替换变量“Q(s, a) 编号”的值（图 4-128）。

如果苹果还未落地，同样基于公式，根据变量“动作 action”的值和变量“奖励 reward”的值（此时保持初始值 0 不变）更新 Q 表格（图 4-129），替换“Q(s, a)”的编号，只是不播放广播“新的苹果”。

图 4-128　苹果落地后的程序

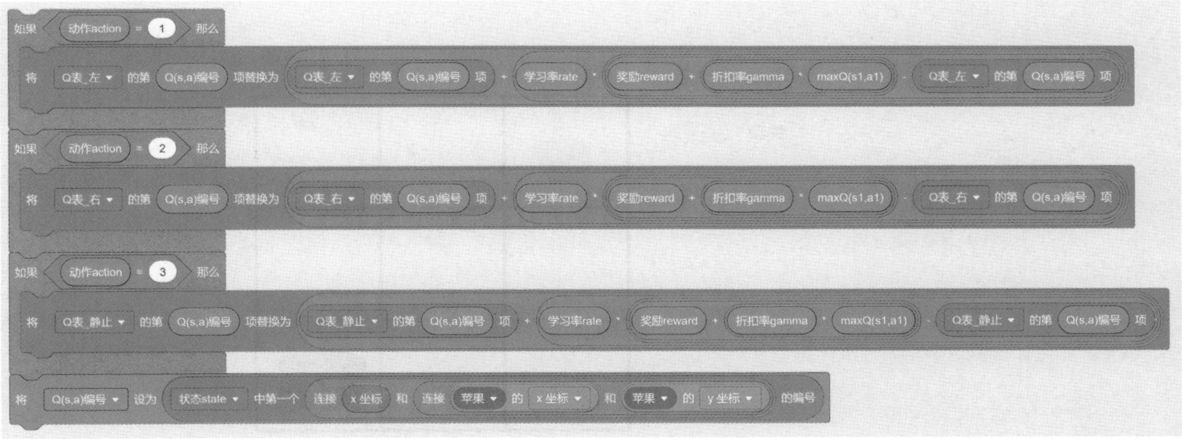

图 4-129　苹果未落地时的程序

⑦ 使用 Q-Learning 算法训练程序。

一次游戏之后，程序只执行过 2 个动作，Q 表格中只有 2 个值得到了更新，显然这样的结果并不能使碗在游戏中取得更好的表现。强化学习算法需要得到多次的训练才能显示出它“熟能生巧”的特点。我们可以设置游戏的结束条件为接到 200 个苹果，在算法训练的过程中，可以实时地看到“得分”和“失误”的变化情况（图 4-130）。

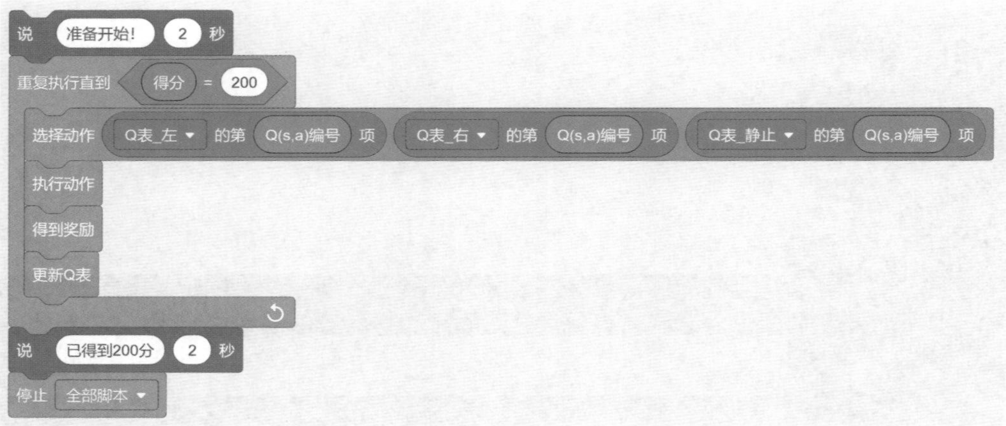

图 4-130 训练算法直到接到 200 个苹果

如图 4-131 所示，当接到 200 个苹果后，程序终止。在程序运行的过程中，当失误次数达到一定数值后将不再增加，后续会接到所有掉落的苹果。这说明程序经过算法的训练，掌握了这个游戏的最佳策略，完整的程序可以参阅本书配套资源包中第 4 章的“接苹果游戏程序 .syc”文件。

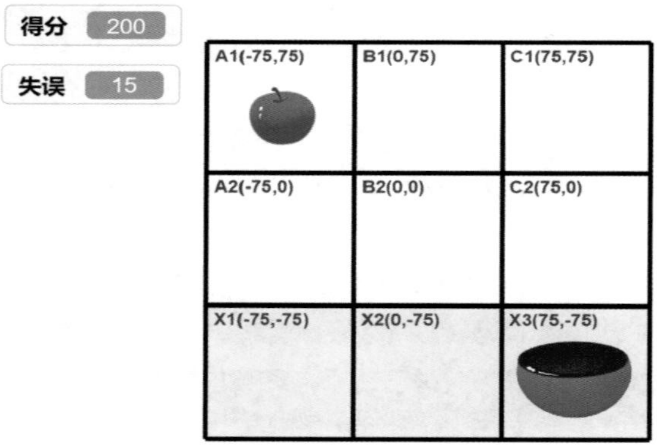

图 4-131 游戏结束后的“得分”和“失误”情况

思考探索

程序终止后，查看 Q 表格，看看是否有“Q 表 _ 左”“Q 表 _ 右”“Q 表 _ 静止”三个列表中同一行都为零的情况？想一想，这是为什么？

4.3.3　更多关于 Q-Learning 算法

如果我们把 KNN 和 K-Means 等机器学习算法视为处理静态数据的主要工具，那么以 Q-Learning 为例的强化学习算法则专注于通过与环境的交互来学习，特别适合用于处理动态变化的数据。强化学习算法在学习过程中不断尝试新行为，并根据环境的奖励或惩罚来调整策略，使其能在变化的环境中做出更好的决策。这种灵活应对环境变化的能力使强化学习特别适合用于动态场景，即使在信息有限的环境中也能进行有效决策。

1. Q-Learning 算法的应用

Q-Learning 算法的应用领域非常广阔，以下都是目前常见的应用场景。

① 游戏：Q-Learning 算法可以用于训练游戏 AI，例如本章中的“接苹果”游戏，以及围棋（图 4-132）、扑克游戏等。游戏 AI 通过大量游戏回合来学习最优策略，从而提升其在复杂游戏中的表现力。

② 机器人控制：Q-Learning 算法可以用于训练机器人在复杂环境中进行自主导航、避障和抓取物品等任务。机器人通过不断学习并适应环境变化，从而更加高效地完成任务。

③ 无人机路径规划：Q-Learning 算法在无人机路径规划和导航方面也显示出巨大潜力。它能帮助无人机在执行运送快递（图 4-133）、搜索救援等复杂任务时，学习并选择最有效的路径，提高任务效率和提升安全性。

④ 环境保护：Q-Learning 算法在环境监控和保护项目中也发挥着重要作用。它可以用于分析生态数据，帮助制定有效的野生动植物保护措施，比如动物迁徙路径的预测、自然保护区的布局规划，以及环境变化的长期监测。

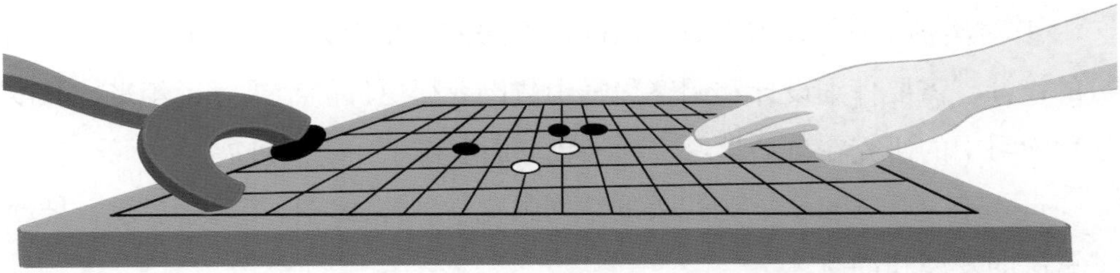

图 4-132　人机博弈

图 4-133 无人机自动导航送快递

2. Q-Learning 算法的局限性及其他强化学习算法

Q-Learning 算法是强化学习算法发展中的里程碑，也是目前应用最为广泛的强化学习算法之一。然而，Q-Learning 算法也有它的一些缺点。

① 学习效率低：Q-Learning 算法需要不断地尝试和迭代来找到最优策略，因此学习速度较慢，需要大量样本才能收敛到最优解。这个问题可以通过使用深度强化学习等方法来提高学习效率，减少所需样本量。

② 容易陷入局部最优解：Q-Learning 算法可能会因为初始状态和动作选择而陷入局部最优解，无法得到全局最优解。为解决这个问题，可以采用 ε-greedy 等探索策略，以一定概率选择非最优动作，更好地探索状态空间。

③ 探索与利用之间的平衡：在 Q-Learning 算法中，平衡新策略探索与旧策略利用也是一个挑战。探索不足会降低学习速度，过度探索则会影响学习效果。

④ 对奖励函数要求高：Q-Learning 算法的结果很大程度上取决于奖励函数的设计，需要仔细设计和调整奖励函数以获得更好的结果。近年来，深度强化学习中的研究在自动学习奖励函数方面取得了一定的进展。

近年来，以 AlphaGo 为代表的系列强化学习算法取得了显著成就，推动了算法的发展和创新。

目前最新的强化学习算法包括以下几种。

① SAC（Soft Actor-Critic）算法：这是一种基于策略梯度的算法，使用最大熵理论处理连续动作空间和不确定性问题，已广泛应用于机器人控制和游戏智能等领域。

② TD3（Twin Delayed DDPG）算法：这是一种基于深度确定性策略梯度的算法，通过双 Q 网络和延迟更新提高学习稳定性，已在机器人控制和自适应控制等领域得到应用。

③ AlphaStar 算法：这是一种基于策略梯度和价值函数的算法，被开发用于大型策略游戏，通过多层卷积神经网络和强化学习算法，在大型策略游戏中达到人类专业水平。

随着人工智能技术的深入研究，强化学习将继续创新和进步，未来在交通、医疗、金融等各个领域将有更为广泛的应用，推动着人工智能技术的更新和发展。

知识拓展

万物之“熵”

“熵”最初是热力学中的一个概念，用于描述系统的无序程度。随后，熵在控制论、概率论、信息论、天体物理学、生命科学等多个领域都发挥了重要作用，并在这些学科中衍生出了更具体的定义。熵增是指系统的无序程度增加，而负熵则指系统变得更加有序。

有趣的是，在没有外界干预的情况下，事物的混乱程度总是加剧的，因此有了熵增原理（图 4-134）。例如，宇宙大爆炸理论认为宇宙起源于一个高温致密的低熵状态奇点，随后宇宙持续膨胀，其熵值也在不断增加。我们可以想象一下自己的书桌（图 4-135），如果不动手整理，那么随着时间的推移，是不是会变得越来越乱了？

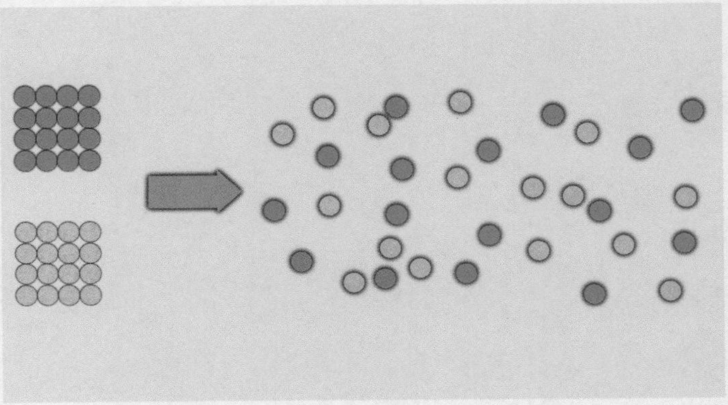

图 4-134　熵增原理示意图

美国数学家克劳德·艾尔伍德·香农在其1948年发表的论文《通信的数学理论》中提出了信息熵的概念，将其定义为信息的不确定性或信息量的大小。随着人工智能的应用领域越来越广泛，需要处理的信息包含了更多的不确定性，科学家们提出了最大熵理论来处理这种复杂数据。最大熵理论认为，在所有可能的概率模型中，熵最大的模型是最好的模型。

比如一所学校供应的午餐有排骨年糕、牛肉面、蛋炒饭、菜肉水饺和鸡肉汉堡五种类型，那么某一天午餐可能供应蛋炒饭的概率就是1/5。尽管有可能因为营养搭配的需要或者食堂进货的变化会有所调整，但这些情况我们不能确定，所以根据最大熵理论来预测的话，概率仍然是1/5。这就是按照最大熵来计算概率。

图4-135 事物的混乱程度总是增加的

后 记

“人工智能从娃娃抓起”系列丛书的第一本《走进人工智能》在2021年7月8日的世界人工智能大会（WAIC）青少年人工智能创新发展论坛上由图灵奖得主约翰•霍普克罗夫特等知名学者共同正式发布，标志着上海市青少年活动中心在人工智能教育上迈出了坚实的第一步。

随后的几年中，围绕《走进人工智能》打造的青少年人工智能校外科普课程于2022年正式发布，并响应国家“双减”政策，以此为上海市多所中小学提供课后社团课程服务，得到校方一致好评；连续四届承办世界人工智能大会中唯一参与群体为青少年的分论坛——青少年人工智能创新发展论坛，每届邀请科技专家、行业领袖、教育学者、中小学师生以及跨界名士等群体共同参与，成为人工智能教育的特色品牌项目；推出了上海市青少年人工智能与编程实践活动，向广大青少年提供课程活动学习资源，搭建学习成果展示交流平台，2023年的第二届活动有超过2万名中小学生参与，形成了良好的人工智能教育生态。

2024年，上海市青少年活动中心与上海市教育科学研究院、教育部教育大数据与教育决策实验室联手，共同编写丛书的第二本《探索人工智能（图形化编程篇）》，并得到更多高等院校、教科研院所和各中小学的专家、老师的支持，同步开展了以此作为学习材料的配套课程试点工作，组建了相应的图书编写团队、美术插画团队、软件开发团队、课程试点团队和专家指导团队。“人工智能从娃娃抓起”系列丛书和课程吸引了越来越多关心关注青少年人工智能教育的人士参与，共同探索人工智能教育的新方向与新路径。

上海市青少年活动中心也在转型发展中，通过人工智能等项目，构建起“四个一”的校外教育生态圈，即一本科普读本、一套科普课程、一系列赛事活动、一个展示平台，逐渐明晰拓展青少年校外活动课程项目，加快建立校内外互为补充、有机联动的青少年校外教育发展之路，使其不仅成为面向青少年的公共服务平台，也是激发青少年发展潜能、实现青少年中国梦的助推平台。

近年来人工智能技术持续快速发展，这对编写面向青少年的人工智能科普丛书着实是一大挑战，限于作者的能力与水平，书中难免会有差错与不当之处，还请各位读者批评指正。我们继续为丛书设置邮箱 rgzncwwzq@163.com，欢迎大家与我们交流关于本书的意见与建议。